#かわいい#楽しい#癒し

#水族館に行こう

はじめに

なにかと自由がきかない昨今、生きものの写真や動画を見て、癒されている人も多いと思います。水族館が公式SNSで発信している情報には、見ているだけで心が洗われる写真や、思わず繰り返し見てしまうおもしろい動画がめじろ押しです。全国の生きものごとに情報をまとめた本があったら見て見たい！　そしてその動画がまとまっていたら、もっといいのに…。そんな思いから、本書は誕生しました。

生きものの自然体でほほ笑ましい写真や動画、エピソード。さらに各生きものの特徴や性格、似ている生きものの見分け方、生きものの基本情報まで、生きものについて知りたいことが本誌には詰まっています。

すべての施設から、飼育員さんやスタッフのみなさんのコメントだけでなく、飼育の担当でないと撮れないような写真や動画もたくさん提供いただきました。日々見守る飼育スタッフにしか見せない生きものの姿を、楽しんでください。

「#かわいい」生きものを知るきっかけになり、
「#楽しい」時間を過ごせる全国各地の施設を訪れ、
「#癒し」の手助けになることを願っています。

最後に、制作にご協力くださったすべての施設の皆さまへ、心よりお礼申し上げます。

目次

はじめに / 目次 / 本書の使い方　002
全国水族館MAP　004
#無敵のかわいさ#生きものの赤ちゃん#大集合　006

(PART 1)
#アイドル#推し#かっこいいい
アザラシ　012 / ペンギン　020
シロイルカ（ベルーガ）028 / ジンベエザメ　034
カワウソ　040 / ラッコ　046 / ホッキョクグマ　050

(PART 2)
#定番#おなじみ#スタメン
イルカ　054 / アシカの仲間たち　062 / エイ　068
サメ　074 / クラゲ　078 / おなじみの魚たち　082
Column 1　水族館の歴史　086

(PART 3)
#珍しい#希少#見る価値あり
シャチ　088 / ジュゴンとマナティー　094
スナメリ　100 / マンタとイトマキエイ　106
日本では珍しい生きもの　110
イロワケイルカ　114

(PART 4)
#ハマる#個性派#おもしろい
セイウチ　118 / マンボウ　124
深海の生きもの　130 / ペリカン　136

(PART 5)
#隠れた#人気者#小さな魚
フグの仲間たち　140
顔や姿にインパクトがある生きもの　146
擬態する魚たち 152
ダンゴウオの仲間たち　156
チンアナゴの仲間たち　160

(PART 6)
全国水族館DATA　163
Column 2　水族館の裏側　189
生きものINDEX　190

本書の使い方

A 生きものについて知る

紹介する生きものの特徴や、分類、生息地、好物、寿命、大きさなどの基本情報を紹介。

B 生きもの動画をCheck!

QRコードをスマートフォンなどで読み取ると、動画投稿サイト「たびのび」（https://tabinobi.jp/）にアップされた、該当生きもののかわいい動画を閲覧可能。※QRコードは株式会社デンソーウェーブの登録商標です。

C 自分の“推し”を探す

紹介する生きものの名前や誕生日、性格などの情報を施設ごとに紹介。
※紹介する生きものに名前がない場合や、施設側の希望で掲載のない場合もあります。

D 施設について知る

飼育員さんからの情報や、撮影におすすめの時間帯、撮影場所を紹介。マークが点灯している場合のみ、右記サービスを体験できます。

- 飼育員さんによるガイド
- ごはんの時間を見学
- ふれあい体験
- ショーやパフォーマンス

※コロナ禍で中止の場合があります。事前にご確認ください

E 掲載施設の情報

アクセス情報、料金、営業時間、休業日、駐車場などの情報はP163以降にまとめて掲載。本書で紹介している生きものの一覧も要チェック。

F 公式サイト

QRコードをスマートフォンなどで読み取ると、各施設の公式サイトへ飛びます。新型コロナウイルスの感染状況に応じて、各施設の営業時間やイベントの実施内容が変更になる可能性もあるため、訪問前に必ず確認。

ご利用にあたって

■掲載施設の情報について

※本書掲載のデータは2021年9月末日現在のものです。発行後に、料金、営業時間、定休日等の営業内容が変更になることや、臨時休業等で利用できない場合があります。また、各種データを含めた掲載内容の正確性には万全を期しておりますが、おでかけの際には電話等で事前に確認・予約されることをおすすめいたします。なお、本書に掲載された内容による損害等は、弊社では補償いたしかねますので、予めご了承くださいますようお願いいたします。
※本誌掲載の料金は、原則として取材時点で確認した消費税込みの料金です。また、入園料などは、特記のないものは大人料金です。ただし各種料金は変更されることがありますので、ご利用の際はご注意ください。
※定休日は、原則として年末年始・お盆休み・GW（ゴールデンウィーク）・臨時休業を省略しています。
※本誌掲載の交通表記における所要時間はあくまでも目安です。

■掲載している動物について

※本の発売後に死亡・移動などの理由で、紹介している水族館で見られない場合があります。
※赤ちゃんや子どもは成長するので、時期によって写真とは見た目が異なることも多々あると思います。なるべく誕生年を示していますのでご参照ください。
※「ANIMAL DATA」などの生きもの全体の情報は編集部調べです。説が異なる場合もありますのでご了解ください。

 カバー写真協力：鳥羽水族館／国営沖縄記念公園（海洋博公園）・沖縄美ら海水族館ほか

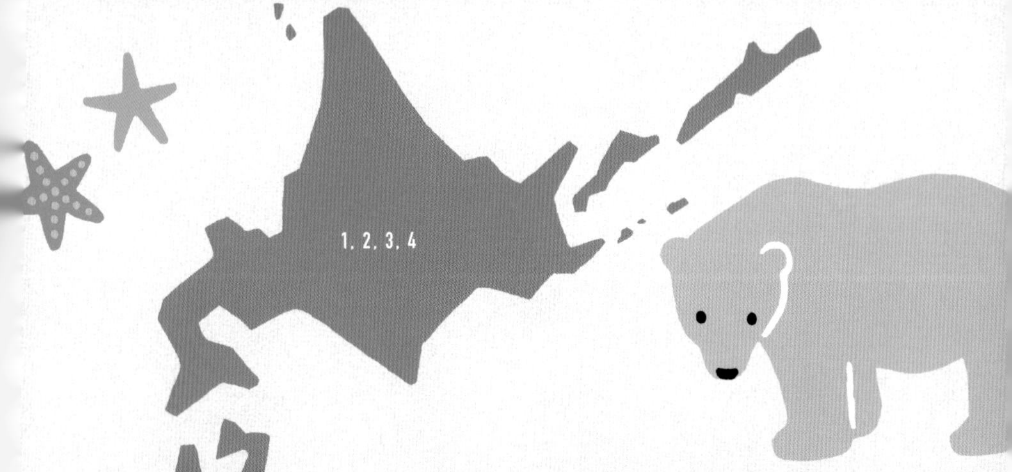

全国水族館マップ

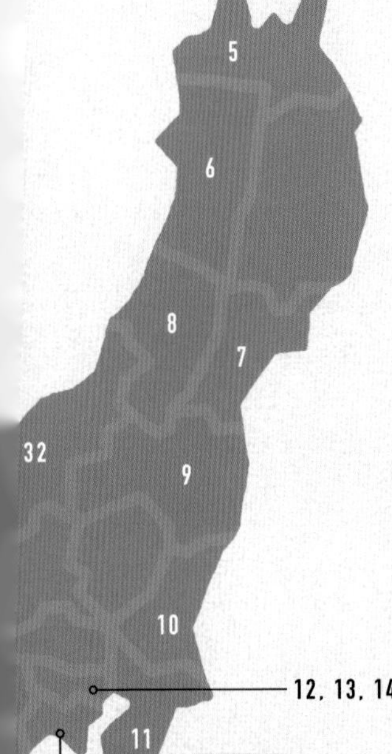

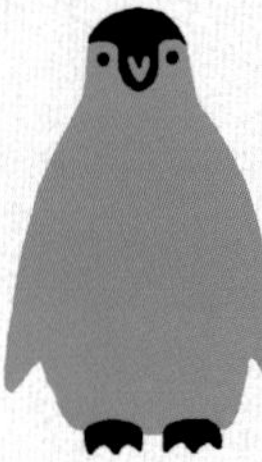

北海道

1　おたる水族館 ➡ P164
2　サケのふるさと 千歳水族館 ➡ P164
3　登別マリンパーク ニクス ➡ P165
4　旭川市旭山動物園 ➡ P165

東北

5　青森県営浅虫水族館 ➡ P166
6　男鹿水族館 GAO ➡ P166
7　仙台うみの杜水族館 ➡ P167
8　鶴岡市立加茂水族館 ➡ P167
9　アクアマリンふくしま ➡ P168

関東

10　アクアワールド茨城県大洗水族館 ➡ P168
11　鴨川シーワールド ➡ P169
12　東京都葛西臨海水族園 ➡ P169
13　すみだ水族館 ➡ P170
14　サンシャイン水族館 ➡ P170
15　マクセル アクアパーク品川 ➡ P171
16　しながわ水族館 ➡ P171
17　ヨコハマおもしろ水族館・赤ちゃん水族館 ➡ P172
※2021年11月23日閉館
18　横浜・八景島シーパラダイス ➡ P172
19　カワスイ 川崎水族館 ➡ P173
20　新江ノ島水族館 ➡ P173
21　箱根園水族館 ➡ P174

東海

22　あわしまマリンパーク ➡ P174
23　伊豆・三津シーパラダイス ➡ P175
24　沼津港深海水族館 シーラカンス・ミュージアム ➡ P175
25　熱川バナナワニ園 ➡ P176
26　下田海中水族館 ➡ P176
27　名古屋港水族館 ➡ P177
28　南知多ビーチランド ➡ P177
29　蒲郡市竹島水族館 ➡ P178
30　伊勢シーパラダイス ➡ P178
31　鳥羽水族館 ➡ P179

※各施設の詳細については「PART 6 全国水族館データ」（P163～）を参照ください

関西

35 海遊館 ➡ P181
36 ニフレル ➡ P181
37 京都水族館 ➡ P182
38 城崎マリンワールド ➡ P182

中国・四国

39 宮島水族館 みやじマリン ➡ P183
40 島根県立しまね海洋館 アクアス ➡ P183
41 下関市立しものせき水族館「海響館」➡ P184
42 新屋島水族館 ➡ P184
43 四国水族館 ➡ P185
44 桂浜水族館 ➡ P185

九州・沖縄

45 マリンワールド海の中道 ➡ P186
46 長崎ペンギン水族館 ➡ P186
47 大分マリーンパレス水族館「うみたまご」➡ P187
48 いおワールド かごしま水族館 ➡ P187
49 DMM かりゆし水族館 ➡ P188
50 国営沖縄記念公園（海洋博公園）・
沖縄美ら海水族館 ➡ P188

甲信越・北陸

32 上越市立水族博物館 うみがたり ➡ P179
33 のとじま水族館 ➡ P180
34 越前松島水族館 ➡ P180

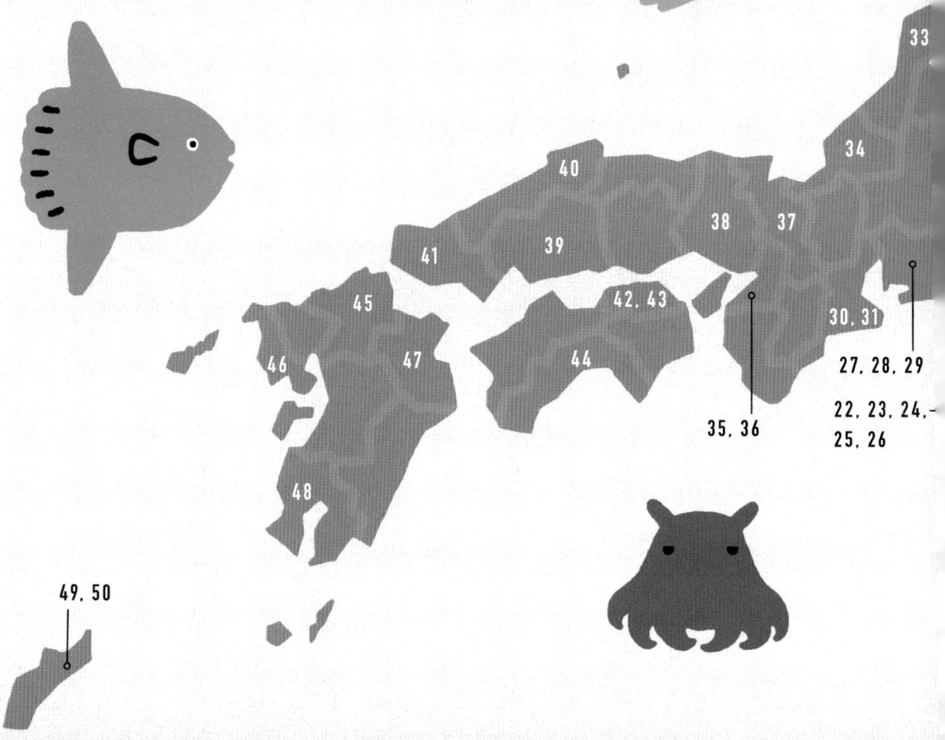

無敵の#かわいさ#生きものの赤ちゃん#大集合

生まれて間もない頃、親子で泳ぐ姿、無防備に寝ている顔…。
思わずSNSにアップしたくなる赤ちゃんの写真ばかりを集めました。

海遊館のワモンアザラシ「ミゾレ」。2021年4月1日誕生（→ P13）。
#白ふわ#赤ちゃんも#丸っこい

500　1000　50000

サンシャイン水族館のコツメカワウソ「あいり」「てまり」「ひまり」(→ P40)。2021 年 2 月 1 日誕生。
#三姉妹#赤ちゃんはグレー#鼻がキュート

男鹿水族館 GAO のキタイワトビペンギンの赤ちゃん。
2021 年 4 月 26 日誕生。
 # 2021 年 7 月撮影#飾り羽の出る前#成長が楽しみ

鳥羽水族館のミナミアフリカオットセイ「あおば」。
2021 年 5 月 17 日誕生。
#つぶらな瞳#毛がフサッ#未来を明るく

写真提供：鳥羽水族館

#無敵の#かわいさ#生きものの赤ちゃん#大集合

アクアマリンふくしまのゴマフアザラシ「だいふく」。2021年3月21日誕生。

#丸い#水に濡れたあと#上下どっち?

沼津港深海水族館 シーラカンス・ミュージアムのメンダコの赤ちゃん。2019年5月5日ふ化。

#小さくても#メンダコ#2回目の成功

鴨川シーワールドのベルーガ「ニーナ親子」(→ P29)。2021年7月22日誕生。

#そのまま小さい#出産#鴨シー初

国営沖縄記念公園(海洋博公園)・沖縄美ら海水族館のマナティー親子。2021年6月16日誕生。

#マナティー館#約20年ぶりの#出産

写真提供：国営沖縄記念公園(海洋博公園)・沖縄美ら海水族館

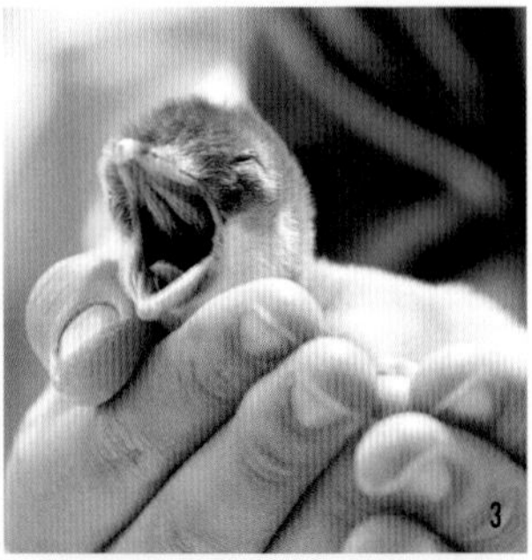

写真提供：鳥羽水族館

1. 横浜・八景島シーパラダイスのバンドウイルカ親子。2021 年 6 月 3 日誕生。
#寄り添って#遊泳#神秘的

2. 登別マリンパーク ニクスのミナミアメリカオットセイ「チー」。2018 年 6 月 13 日誕生。
#大きな瞳#かわいいヒゲ#元気

3. 登別マリンパーク ニクスのジェンツーペンギンのヒナ。2015 年 5 月 13 日誕生。
#ヒナの#あくび#貴重なカット

4. 新屋島水族館のフンボルトペンギンの子ども。2016 年 4 月誕生。
 # 2 羽#仲よし#カメラ目線

5. 鴨川シーワルドのシャチ「ルーナ（右）」（→ P90）。2012 年 7 月 19 日誕生。
#ラビーの子#親子で#ジャンプ

6. 伊豆・三津シーパラダイスのゴマフアザラシ「ガブ」。2019 年 3 月 17 日誕生。
 # 8 年ぶり#白ふわ#熟睡中

7. 鳥羽水族館のバイカルアザラシ「ニコ」。2020 年 2 月 22 日誕生。
#おじさん顔# SNS で#話題

8. 横浜・八景島シーパラダイスのコツメカワウソの赤ちゃん。2021 年 2 月 4 日誕生。
#魚好き#かぶりつき#走り回る

9. 城崎マリンワールドのゴマフアザラシ「ずんだ」。2019 年 2 月 13 日誕生。
#最初は#ふわふわ#ツルン

(PART 1)

#アイドル#推し#かっこいい

人気者のアザラシやペンギン、
キュートなカワウソなど、
会いに行きたいアイドルをご紹介します。

アザラシ ➡ P012
ペンギン ➡ P020
シロイルカ ➡ P028
ジンベエザメ ➡ P034
カワウソ ➡ P040
ラッコ ➡ P046
ホッキョクグマ ➡ P050

アザラシ

#SNS#話題#赤ちゃん#まん丸

アザラシとアシカの違いは耳でわかる

アザラシとアシカの違いは耳を見れば一目瞭然です。アシカには耳介(じかい) という耳たぶのようなものがありますが、アザラシは小さな孔があいているだけ。まずは、耳を見てみましょう。

模様が「輪の紋」に見えるから「ワモン」

ゴマフアザラシとの見分けが難しいですが、ゴマフはゴマ模様、ワモンは「輪の紋」模様がカラダ中にあります。どちらも、赤ちゃんのときは白く、そのかわいさはSNSでも話題になります。

動画で
CHECK

生きものの赤ちゃん特集などでよく登場するアザラシの赤ちゃん。この世にこんなに愛らしい生きものがいるなんて…と悶絶する人も多いのではないでしょうか。

アザラシは日本の水族館や動物園約50カ所で見られます。しかし、イルカやアシカのようにショーを実施しているところは少なく、ガイド解説やフィーディングタイムで、その生態や性格を披露する場合が多いようです。

飼育・展示しているのは、ゴマフアザラシが中心で、ほかに最近人気のワモンアザラシやゼニガタアザラシ、アゴヒゲアザラシ、バイカルアザラシなどがいます。その愛らしい表情や仕草からファンも多い人気者。自分だけの「推し」を探してみましょう。

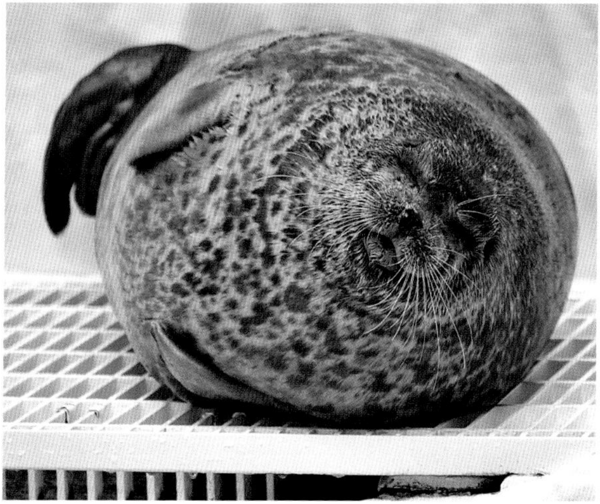

ユキ

性別 メス
誕生 2008 年（推定）
性格 穏やかだけど食いしん坊

食後に陸上で首を縮めて寝るクセがあり「丸すぎるアザラシ」として SNS で話題になりました。背中にはハート形の模様があります

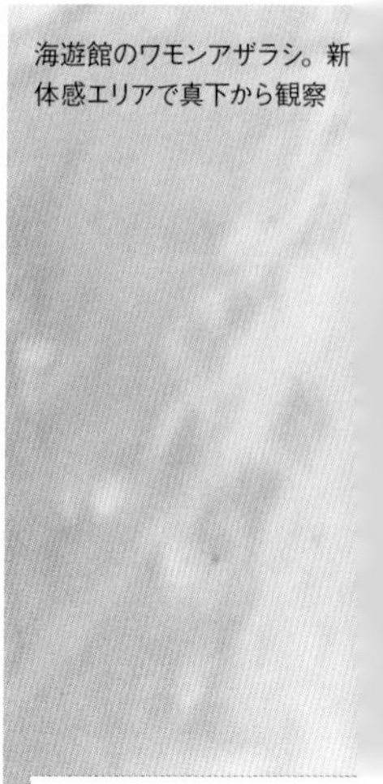

海遊館のワモンアザラシ。新体感エリアで真下から観察

ワモンアザラシ
ANIMAL DATA

【学名】
Pusa hispida
【分類】
ネコ目 アシカ亜目
アザラシ科 ゴマフアザラシ
【生息地】
北半球の北部など
【好物】
プランクトン、魚類など
【寿命】
野生で約 25 ～ 30 年、
飼育下で約 40 年
【サイズ】
体長約 120 ～ 130cm
体重約 50kg

海遊館

4 頭を飼育・展示。「水中と陸上での過ごし方の違いを見比べてもらうとおもしろいと思います。4 頭それぞれ個性豊かですので、お気に入りの 1 頭を見つけてください」
（飼育員：竹内 慧さん）

水中では動き回っていることが多いので、浅瀬か陸上での撮影がおすすめです。陸上で丸くなって寝ていたらシャッターチャンス

DATA → P181

展示場 --「北極圏」水槽

海中から見る!?新体感エリア
海遊館の新体感エリアは流氷の下を再現。頭上をアザラシが泳ぎ、まるで海中からアザラシを見ているような感覚になります

ミゾレ

性別 オス
誕生 2021 年 4 月 1 日
性格 元気いっぱい

SNS でも話題になった“ミゾレ”。生後 4 日目のときの写真です。日本初となるワモンアザラシの完全人工哺育により、今ではずいぶん大きくなりました

2021年4月生まれ

ジェット

性別　オス

誕生　2021年4月17日

性格　やんちゃな甘えん坊

水の中をジェット機のように泳ぐ様子と成長の早さから命名されました。父親は“ゴクウ”、母親は“こまち”です

2021年
4月生まれ

お腹でチョンチョンと陸を進む姿に悶絶

アシカは前肢を使って陸上を歩くように進みますが、アザラシはお腹でボヨンボヨンとはって移動します。この姿がとてもかわいいので水族館や動画でぜひ見てください。泳ぐときは後肢を左右に振って泳ぎます。

ゴマフアザラシ ANIMAL DATA
【学名】
Phoca largha
【分類】
ネコ目 アシカ亜目 アザラシ科
ゴマフアザラシ属
【生息地】ベーリング海、
オホーツク海など
【好物】
魚類、イカなど
【寿命】約30～35年
【サイズ】
体長約160～170cm
体重約70～130kg

男鹿水族館GAO

5頭を飼育・展示。「繁殖にも力を入れており、アザラシの体型やエサには気を使っています。夏は体重80kg、冬は120kgと季節で大きく変化します」

（ゴマフアザラシ担当：柿添 涼太朗さん）

水中観覧スペースがおすすめ。ガラス越しに近寄って来ることがあるので、辛抱強く待っているとシャッターチャンスがおとずれます

DATA ➡ P166

展示場 -- ひれあし's 館

こまち

性別　メス

誕生　2009年4月2日

性格　マイペースでのんびり

長いときは5分以上、水槽のガラス前でこちらを見ながらじーっとしていたり、カラダをかいたり…、そんな姿がたびたびSNSなどにアップされています

伊勢シーパラダイス

10 数頭がいます。「飼育員として接するようになると、想像以上に個性豊かで、好き嫌いがはっきりしていることがわかります」(海獣担当：田崎 優里さん)

カメラに目線を向けてくれるので、そのタイミングを狙いましょう。上や下からではなく、目線にしっかり合わせて撮るのがベスト

DATA ➡ P178

展示場 -- 海獣広場

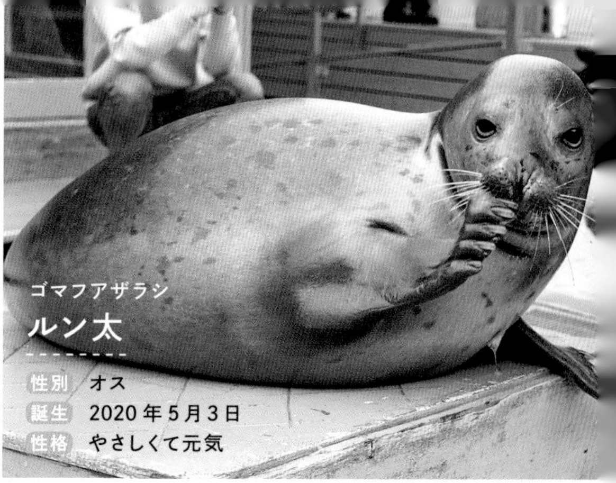

ゴマフアザラシ

ルン太

性別 オス
誕生 2020 年 5 月 3 日
性格 やさしくて元気

コロナ禍の休館中に生まれました。顔も性格もかわいいですが、たまに見せるブラックルン太もチャーミング

ゴマフアザラシ

エリ

性別 オス
誕生 1987 年
性格 超マイペース

名前は“エリ”ですが、おじいさんです。すべてを達観したような、超がつくマイペースで、若いアザラシにエサを持っていかれても、まったく動じません

ゴマフアザラシ

カブト

性別 オス
誕生 2018 年 5 月 5 日
性格 好奇心旺盛だけど小心者

父親の“きぼう”はお腹にいるとき福島で被災。千葉に避難して無事誕生し「奇跡のアザラシ」といわれました。その子どもが“カブト”です

下田海中水族館

4 頭を飼育・展示。「冷たい海域に生息するため体脂肪率が約 40 ～ 50％あります。だからまるまるしていて、暑さが苦手ですね」(飼育員：小林 大翔さん)

気が向くとガラス越しに見学者を観察しています。目線が合ったらチャンス。タオルなど動くものにも反応することがあります

DATA ➡ P176

展示場 -- アザラシ館

ゴマフアザラシ

上：アザラシが上下する展示、マリンウェイでのワンシーン。見学者の方を見ながら泳いでいきます
右：陸上で仰向けにゴロンと横になっている図。気持ちよさそうです

旭川市
旭山動物園

6頭を飼育・展示しています。「1頭1頭、ゴマ模様や表情が違うので、個体識別に挑戦してみては？ 複数頭で同居のため、均等に魚を食べられるように気をつけています」
(副園長：中田 真一さん)

館内でマリンウェイ（写真右）を通るところや、陸上で魚を食べる姿を撮るのがおすすめ。いろいろな角度から撮影してください

DATA ➡ P165

展示場 -- あざらし館

日本の行動展示のパイオニア

動物園・水族館で本来の動物の行動を見てもらうスタイル、「行動展示」の始まりが、旭山動物園のアザラシやペンギンの展示でした

本格的なアザラシショー

アシカに比べてアザラシのショーを実施している施設は少数。そのうえ、ジャンプまで見られるのは貴重です

しながわ水族館

7頭を飼育・展示。「アザラシが豪快なジャンプをしたり楽器を演奏したり、かわいいだけじゃないところを見てください」
（海獣担当：渡邉 果南さん）

見学エリアには地下と地上がありますが、寝ている姿やショーの様子を撮れる地上のほうがベター。地下の水槽は全体の雰囲気を撮影

DATA → P171

展示場 -- アザラシ館

ゴマフアザラシ

はなこ

性別　メス
来館　2006年6月2日
性格　おっとりマイペース

狭いところに挟まって寝たり、変わった遊びを始めたり、不思議な行動が多数。お気に入りは、筒状の窓になっているアイスホールに入って寝ることです

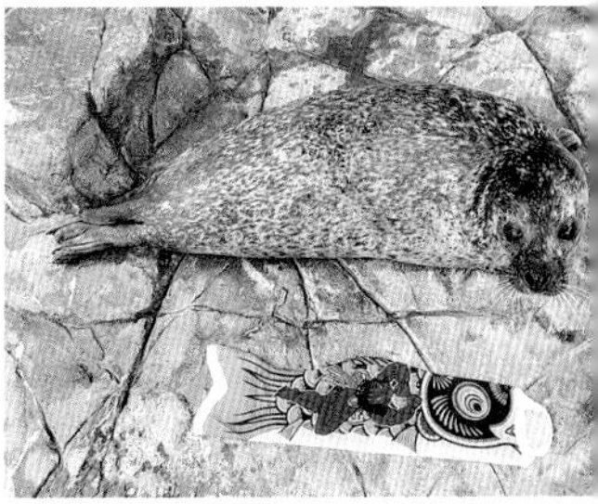

ゴマフアザラシ

モエ

性別　メス
来館　2006年5月14日
性格　まじめなお母さん

目がまん丸の美人さん。“モエ”とイケメンのオス“モモ”との間に生まれた“モモたろう”も男前でした。

おたる水族館

「50頭近くを飼育しています。それぞれ顔や性格が違いますので“推し”を見つけてアザラシに興味をもってもらえるとうれしいです」
（飼育員：濵 夏樹さん）

“モエ”は、ステージ左から2番目の台が定位置です。得意演技はキャッチボールなので、ボールを捕るシーンを連写で狙いましょう

DATA → P164

展示場 --
海獣公園「アザラシショープール」

穴あき小銭のような模様で「ゼニガタ」

穴あき銭のような模様から銭形＝ゼニガタという名前がつきました。性格は少し臆病で、よく水から顔を出してキョロキョロ観察しています。

新屋島水族館

4頭を飼育。「アザラシ特有の、のんびりした姿や、パフォーマンスタイムでの、ほかでは見られないポーズがたくさん見られます」（飼育員：竹村 一儀さん）

パフォーマンスタイムに撮影チャンスをトレーナーが案内してくれます。ほかに水面で顔半分出しているシーンが狙い目です

DATA ➡ P184

展示場 -- ゼニガタアザラシプール

ゼニガタアザラシ
ANIMAL DATA

【学名】*Phoca vitulina* **【分類】**ネコ目 アシカ亜目 アザラシ科 ゴマフアザラシ属 **【生息地】**太平洋から大西洋まで **【好物】**魚類、タコ・エビなど **【寿命】**約20～35年 **【サイズ】**体長約120～200cm／体重約50～170kg

パフォーマンスタイムでは、相合傘をさしたり、ドーナツ型の水槽を使った技なども見られます

べる

性別 メス
来館 2016年8月5日
性格 怖がりだけど好奇心旺盛

魚を食べるスピードが早く、勢い余ってスタッフの手を噛むことも。噛んだ後「そんなつもりじゃなかった」という感じで見つめます

ゼニガタアザラシ

ウニ

性別 メス
来館 2016年12月2日
性格 勇敢で食欲旺盛

ヒゲが乾くとカールして、巻きヒゲのようになってかわいいです。ごはんの時間が近くなると、猛スピードでお腹で歩いて移動し、飼育員を待ち構えています

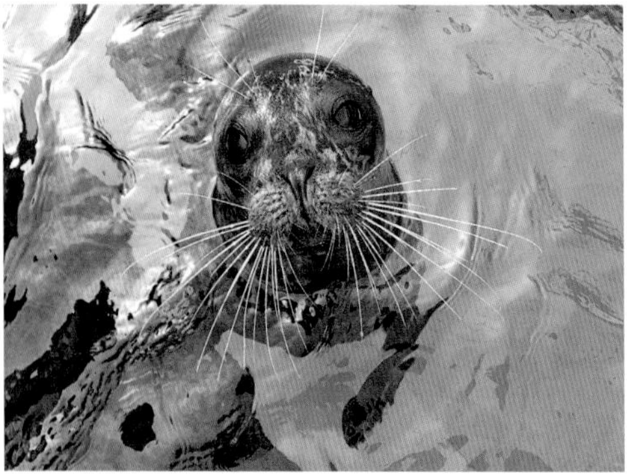

横浜・八景島シーパラダイス

「ふれあいラグーンに4頭います。最初は見分けるのに苦労しましたが、模様や顔立ちに個性があるのがわかってきました」（飼育員：西川 弥緒さん）

展望デッキからプールを見下ろしていると、たまにアザラシが水上に顔を出して見学者の方を向くことが。カメラ目線をゲットするチャンスです

DATA ➡ P172

展示場 --
ふれあいラグーン「ヒレアシビーチ」

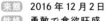

ゴマフアザラシの“とまと”“わさび”と同居中。“ブル”のほうが大きいのに気が小さいので、2頭をうかがいながら泳いでいます

大分マリーンパレス水族館「うみたまご」

2頭を展示。「“ブル”は給餌中に動くとビクッとしたり、見慣れないものがあると驚いたり…。臆病ですが、とってもかわいいです」（飼育員：菊地 沙月さん）

アクリル越しの撮影になりますが、表情豊かなので望遠レンズを使い、なるべく寄って撮ってみましょう。立派なヒゲを入れるのは必須です

DATA ➡ P187

展示場 -- アゴヒゲアザラシ水槽

ブル

性別 オス
来館 2009年11月19日
性格 臆病だけどがんばり屋

ヒゲはアゴからではなく唇あたりからはえている

アゴヒゲといいますが、実際は上唇あたりから大量のヒゲがはえています。また、カラダの大きさに比べて意外と顔が小さいのがチャームポイントです。

アゴヒゲアザラシ
ANIMAL DATA

【学名】*Erignathus barbatus*
【分類】ネコ目 アシカ亜目 アザラシ科 アゴヒゲアザラシ属
【生息地】北極海周辺、オホーツク海など
【好物】カニ、エビ、貝類など
【寿命】約25～30年
【サイズ】
体長約200～260cm
体重約200～360kg

アッシュ

性別 オス
来館 2003年4月15日
性格 おっとりしている

マイペースですが、気分が乗っているとショーも全力でがんばります。晴れた日には、広場の岩の上で気持ちよさそうに寝ています

世界で唯一！ 淡水のみに生息するアザラシ

ワモンアザラシは淡水に生息しますが海水でも暮らします。バイカルアザラシは、バイカル湖などの淡水だけに生きる世界唯一のアザラシの種類です。

バイカルアザラシ
ANIMAL DATA

【学名】*Phoca sibirica*
【分類】ネコ目 アシカ亜目 アザラシ科 ゴマフアザラシ属
【生息地】ロシアのバイカル湖など
【好物】ヨコエビなど
【寿命】約30～40年
【サイズ】体長約100～140cm
体重約50～90kg

箱根園水族館

1頭を飼育。「かなり警戒心が強いのでストレスにならないよう気をつけています。アザラシショーでは名物の温泉アザラシが必見」（飼育員：大山 拓哉さん）

まずは温泉アザラシを正面から。そのほか、手を振っているシーンなども狙い目です。顔にピントを合わせるのがポイント

DATA ➡ P174

展示場 -- アザラシ広場

ペンギン

#歩き方#かわいい#種類#いろいろ

ペンギン界の最大種

全18種いるペンギンのうちで最大種です。よく「お腹丸すぎ」「メタボ」といわれますが、これが適正プロポーション。ラグビーボールのような姿が水の抵抗を抑え、泳ぎをスムーズにしているのです。

名古屋港水族館にはエンペラーペンギンが5羽います

動画でCHECK

ペンギンは全世界に18種いますが、日本の水族館・動物園では約10種のペンギンを見ることができます。もっとも多く飼育されているのはフンボルトペンギンで約30カ所。ほかに、ケープペンギンやマゼランペンギン、ジェンツーペンギンもそれぞれ10カ所以上の施設で飼育・展示されています。

多くの施設で複数種類、10羽以上を展示。ガイド解説やフィーディングタイムを実施しているところも多く「ペンギンの散歩」が人気の施設もあります。また、旭山動物園の空飛ぶペンギン展示や、サンシャイン水族館の都心の借景水槽、長崎ペンギン水族館のふれあいビーチなど、ペンギンのさまざまな姿を見られる展示が各所にあるのも興味深いところです。

名古屋港水族館

「エンペラーペンギンは圧倒的な存在感。ほかに、アデリー、ジェンツー、ヒゲペンギンと極地出身の4種を同じ場所で飼育しています」（飼育係：材津 陽介さん）

水上のペンギンは水槽前のベンチの一番上から撮ると高さがピッタリ。照明は6月が一番暗く、12月が一番明るいので雰囲気が変わります

DATA ➡ P177

展示場 -- 南館「南極の海」ペンギン水槽

Zoom

室温マイナス2度、水温8度に保ち、空気や照明にも気を使って、水槽の環境をリアルな「今の南極」の季節に合わせています

エンペラーペンギン（コウテイペンギン）ANIMAL DATA

【学名】
Aptenodytes forsteri
【分類】ペンギン目 ペンギン科
オウサマペンギン属
【生息地】南極圏
【好物】魚、甲殻類など
【寿命】野生で約15～20年
飼育下で約40年
【サイズ】
体長約100～130cm
体重約20～45kg

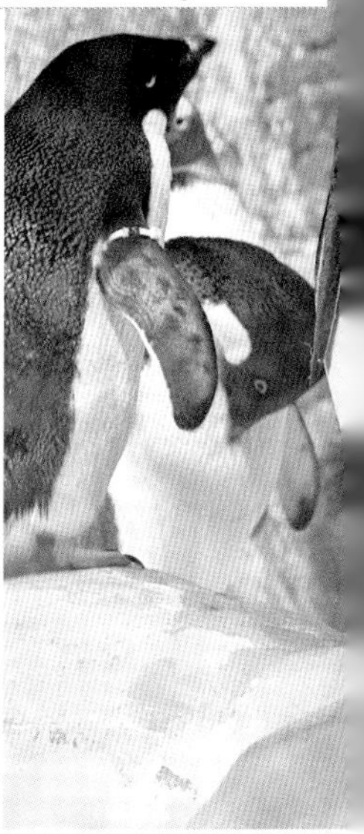

しながわ水族館

「18羽いて、みんな右の翼にタグを付けています。個体紹介の掲示もあり、タグの色も書いています。ぜひ見つけてみてください」（海獣担当：渡邉 果南さん）

ペンギンランド向かって右側にあるスロープから岩場で休んでいるところなどを狙いましょう。泳いでいる姿は水槽のガラス越しに撮影を

DATA ➡ P171

展示場 -- ペンギンランド

マゼランペンギン ANIMAL DATA

【学名】*Spheniscus magellanicus*
【分類】ペンギン目 ペンギン科
ケープペンギン属
【生息地】南アメリカの太平洋岸など
【好物】魚、甲殻類など
【寿命】約12～30年
【サイズ】
体長約65～70cm
体重約3～6kg

飛べないけど泳ぎは得意

ペンギンは飛べませんが、水中を飛ぶように泳ぎます。その速度はかなりのもので、カメラでは追うことができないくらい。ペンギンの羽は飛ぶためでなく泳ぐために進化したのです。

ヒナゲシ

性別 不明
来館 2020年5月2日
性格 マイペース

目印は黄色と紫のタグ。夏、2台の扇風機の真下を陣取り「涼しいところを知ってるペンギン」として、SNSで話題になりました

すみだペンギン相関図

Zoom

すみだ水族館ではこのような相関図を公開。「すみだ　相関図」でネット検索すると出てきます。今回はこの四角関係をCHECK！

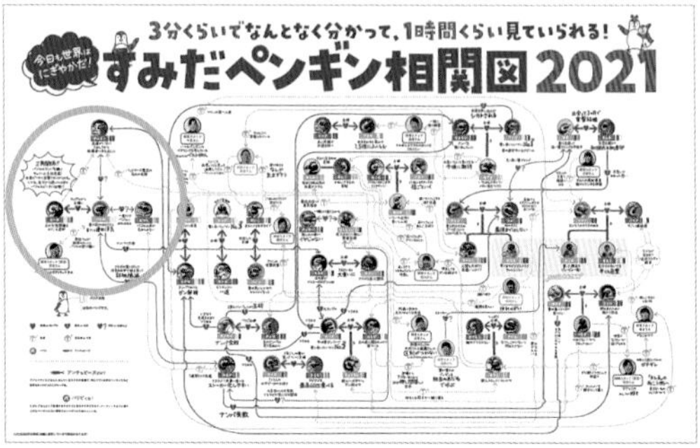

プレイボーイのバジルを取り巻く恋愛模様は現在も進行中。2021年5月にはピーチとの間に娘が誕生しました。今後の展開に目が離せません。

※2020年更新の相関図です。毎年、冬に更新されるので、関係が大幅に変わっている可能性もあり。

マゼランペンギンの
四角関係
PICK UP

チェリー♀

友達がいない
さみしさから
既婚者に手を出した

まつり♀

バジルの声が忘れられない

怒った

浮気

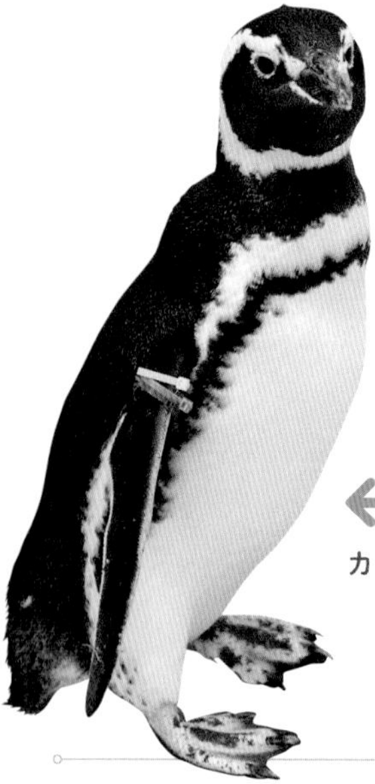

ピーチ♀

夫の女性関係を
のりこえ産卵

プレイボーイ

一度だけ
バジルに
遊ばれる

カップルから
夫婦に

バジル♂

妻の前ではイクメン
裏では連日浮気

マゼランペンギン

わっしょい

性別　オス
誕生　2017年4月19日
性格　よく食べ、よく遊ぶ

ツンデレぶっていますが、呼ばれるとうれしさを隠しきれず、カラダをクネクネしながらやって来ます。カラダが大きくモテるので今後の恋に期待

マゼランペンギン

ぼんぼり

性別　オス
誕生　2021年5月6日
性格　環境適応力抜群

プールデビューしてすぐ大人のペンギン世界になじみました。スタッフのヒザの上、水に浮きながら、ごはん中…どんな環境でも寝るのが好き

すみだ水族館

「すみだペンギン相関図で全羽の名前や個性を公開しています。自分の"推し"を見つけて、ペンギンを見に行こうではなく"わっしょい"に会いに行こうと思って来てもらえたらうれしいです」
（飼育員：大城 奈緒稀さん）

接写は横からガラス越し、全景なら上から。18:00以降は夜の照明に変わり、ペンギンが寄り添う様子も見られます

DATA → P170

展示場 -- ペンギン水槽

ごはんの時間があります

フィーディングタイムがあり、呼ばれて来る子や、呼ばれなくても来る子など、それぞれに個性があって見ているだけで楽しい！

屋内ながら広くて開放的なプール。ペンギンたちものびのび暮らしています

サンシャイン水族館

約 50 羽を飼育。「天空のペンギンは都会の借景の中、頭上にペンギンという不思議空間。草原のペンギンは接近可能です」
(飼育スタッフ：板東 恵理子さん)

天空のペンギン（写真右）は背景のビル群まで入るように。草原のペンギンでは空と緑とペンギンというカットかズームアップもおすすめ

DATA ➡ P170

展示場 -- マリンガーデン

ケープペンギン
ANIMAL DATA

【学名】*Spheniscus demersus*	
【分類】ペンギン目 ペンギン科	
ケープペンギン属	
【生息地】アフリカ南部沿岸	
【好物】魚、甲殻類など	
【寿命】野生下で約 10 年、	
飼育下で約 15 ～ 20 年	
【サイズ】体長約 70cm	
体重　約 2.5 ～ 4kg	

ポッカ

性別　メス
誕生　2017 年 1 月 13 日
性格　人なつっこい

お気に入りのスタッフを見つけると、よちよち寄って来てカラダをスタッフにすり寄せ「私はここよ」とアピールします

暑さに強いペンギン!?
ペンギン＝寒い地域出身というイメージですが、ケープペンギンはアフリカ、マゼラン・フンボルトペンギンは南米と比較的暖かい地域出身。そのため、日本の暑い夏も対応可能です。

ケープペンギン

ぽん

性別　メス
誕生　2016 年 12 月 6 日
性格　特定の相手に甘えん坊

飼育スタッフと彼氏の“よしや”の前では甘えん坊ですが、ほかのペンギンのケンカにすぐちょっかいを出す、好奇心旺盛な一面もあります

京都水族館

「59 羽いて個性豊か。ごはんの時間には、グイグイ催促に来るタイプ、控えめなタイプ、飲み込むまで持っていてほしい甘えん坊など、1 羽 1 羽の行動を観察してみてください」
(展示飼育チーム:小島 早紀子さん)

夕方はペンギンがお気に入りの場所に戻る時間も。のんびり過ごしたり、ペアで寄り添う様子などを撮影するチャンスです

DATA ➡ P182

展示場 --「ペンギン」エリア

長崎
ペンギン水族館

全部で9種のペンギンがいます。「フンボルトペンギンは一番数が多く、エサやりのときに全羽で飼育員についていく姿は人気です」(飼育員:玉田 亮太さん)

飼育場の前から、飼育員の投げた魚をキャッチする瞬間などを狙ってみてください。ふれあいペンギンビーチでは大接近が可能です

DATA ➡ P186

展示場 -- 温帯ペンギンゾーン/ふれあいペンギンビーチ

こはる

性別 メス
誕生 2009年12月24日
性格 やさしくて食いしん坊

エサの時間はよく先頭にいます。ふれあいペンギンビーチが大好きで、飼育員にエサをおねだりしながら鳴いていることも

フンボルトペンギン ANIMAL DATA

【学名】*Spheniscus humboldti*	
【分類】ペンギン目 ペンギン科	
フンボルトペンギン属	
【生息地】チリ、ペルー	
【好物】魚など	
【寿命】約25年	
【サイズ】体長約65~70cm	
体重約4.5~5kg	

胸のラインがポイント

フンボルト、ケープ、マゼランペンギンは似ています。違いは胸のライン。フンボルトは太く、ケープは細く、どちらも1本です。マゼランペンギンのラインは太めで首の周辺にもう1本あります。

クチバシが最長のペンギン

カラダが一番大きいのはエンペラーペンギンですが、クチバシが一番長いのはオウサマペンギンです(カラダの大きさは2番目)。オウサマペンギンは日本で約20カ所の水族館・動物園にいます。

オウサマペンギン(キングペンギン) ANIMAL DATA

【学名】	
Aptenodytes patagonicus	
【分類】ペンギン目 ペンギン科	
オウサマペンギン属	
【生息地】南大西洋、	
インド洋の亜南極地域	
【好物】魚、イカなど	
【寿命】約20年	
【サイズ】	
体長約85~90cm	
体重約10~15kg	

ヒナ時代のけやきです

けやき

性別 オス
誕生 2018年8月15日
性格 心やさしきガキ大将

ヒナなのに大人より大きいことで話題になりました。その後、順調に成長し、今も子どもの頃から変わらない見事な食べっぷりです

仙台
うみの杜水族館

「5種60羽近くがおり、どの個体がどれくらいごはんを食べたか把握するのが大変。5種の違いを観察してみてください」(海獣ふれあいチーム:細田 弥由さん)

屋外のペンギンは、飼育員に名前を聞いて呼んでみてください。振り向くことがあるので、カメラ目線の写真が撮れる可能性が

DATA ➡ P167

展示場 -- 海獣ひろば

旭川市旭山動物園

4種を展示。「空を飛ぶ鳥のように泳ぐ姿からペンギンは鳥ということを実感できます。かっこいい姿を知ってください」
（飼育展示スタッフ：田中 千春さん）

水中を360度見渡せる水中トンネルから泳ぐ姿を撮影しましょう。冬の「ペンギンの散歩」は、そばに来たときが狙い目です

DATA ➡ P165

展示場 -- ぺんぎん館

キングペンギン

冬の名物「ペンギンの散歩」

冬の旭山動物園の名物といえば「ペンギンの散歩」。ただ歩くだけなのですが、それだけで十分かわいい!!

Zoom

イルカプールなどがある屋外体験エリア「あそびーち」で、ペンギンとイルカが一緒に泳いでいる様子を間近で見られることも。あまり見ることができない貴重な風景です

大分マリーンパレス水族館「うみたまご」

「部屋を飛び出して、あそびーちの砂浜までやって来ます。みなさんの足元を散歩したり、自由気ままな姿が見られます」
（飼育員：西川 真帆さん）

あそびーちで、砂浜に上がってきたときに一緒に撮影しましょう。ペンギンが部屋から出てくるときと帰るときの、よちよち歩く姿も狙い目です

DATA ➡ P187

展示場 -- あそびーち

マゼランペンギン

サザエ

性別 メス
誕生 2014年5月18日
性格 人が大好きでちょっと小心者

散歩のときに群れの輪から飛び出して冒険に出かけます。ただ、やや小心者で、飼育員に「ついてきて〜」と目線でアピールをします

登別マリンパークニクス

「ジェンツー、ケープ、キングと3種のペンギンがいます。ジェンツーペンギンはパレードでも大活躍。特に好奇心旺盛な性格を発揮する冬のパレードはおすすめです」（飼育員：澤山 菜南子さん）

パレード全体が見えるコースの真正面がおすすめ。歩く姿や立ち止まって何か見ている姿、イタズラしている姿を狙ってみましょう

DATA → P165

展示場 -- ペンギン館

ジェンツーペンギン
ANIMAL DATA

【学名】*Pygoscelis papua*	
【分類】ペンギン目 ペンギン科	
アデリーペンギン属	
【生息地】南極周辺の海域	
【好物】魚など	
【寿命】飼育下で約20年	
【サイズ】	
体長約50～90cm	
体重約5～8kg	

白《しろ》（右）

性別 メス
誕生 2009年11月19日
性格 おっとりさんだけどしっかり者

美人顔のしっかりお母さん。雪が積もった日のパレードでは、真っ先にトボガン滑り（腹ばいで雪上を滑る技）を披露して視線を独り占めします

ペンギン界で泳ぐ速さNo.1
ペンギンの中で最速の泳ぎを見せる、ジェンツーペンギン。時速は約35kmにもなります。ちなみに、カラダの大きさも、エンペラーペンギン、オウサマペンギンに次ぐ第3位の大きなペンギンです。

ペンギンパレード通年実施
ペンギンパレードはニクスの人気イベントで、通年1日2回開催しています。写真のキングペンギンほか全種ペンギン参加です

上越市立水族博物館うみがたり

「マゼランペンギン飼育数100羽以上は日本一。生息域外重要繁殖地に指定されており、毎年かわいいヒナが誕生しています」（飼育スタッフ：勝平 祐花さん）

2階のマゼランペンギンミュージアムはどこから撮影してもペンギンが近くておすすめです。1階では優雅に泳ぐ姿を間近で撮ることができます

DATA → P179

展示場 -- マゼランペンギンミュージアム

マゼランペンギン

No.1（愛称ばちゃこ）

性別 メス
来館 1989年4月25日
性格 泰然《たいぜん》自《じ》若《じゃく》

2021年で飼育年数32年。飼育番号はNO.1で、みんなから愛されるおばあちゃんです。年の功でエサは必ずもらえるのを知っているため、いつも、スタッフの前でたたずんでいます

飼育歴30年以上

シロイルカ（ベルーガ）

#白い#大きい#ぷにゅ#海のカナリア

おでこのメロンから超音波!?

おでこの中にある脂肪の塊をメロンといいます。鼻腔内で発した音をメロンで束ねて外に発射し、海中で跳ね返ってくる音を聞き分け何があるかを探っています。これをエコーロケーションといいます。

バブルリングが得意

輪っかを作ることをバブルリングといいますが、これは口のまわりの筋肉が発達しているシロイルカならではの特技。上手下手はありますが、シロイルカはバブルリングを楽しんでいます。

動画でCHECK

ぶにゅぶにゅとしたおでこと、笑ったような表情に癒されるシロイルカ。日本では４つの水族館でしか飼育されておらず、アイドル的存在となっています。そのうち２カ所ではシロイルカ、２カ所ではベルーガと呼んでいますが、これはどちらも正しく、日本語かロシア語かの違い。本書では、各水族館の呼び方に合わせています。

シロイルカの大きな特徴は、大きいこと、白いことのほかに、バンドウイルカのような背ビレがないこと。甲高い大きな鳴き声が遠くまで聞こえることから「海のカナリア」とも呼ばれます。この声で仲間とコミュニケーションを取り合っているようです。また、知能が高く、人なつっこいことも人気者たる所以です。

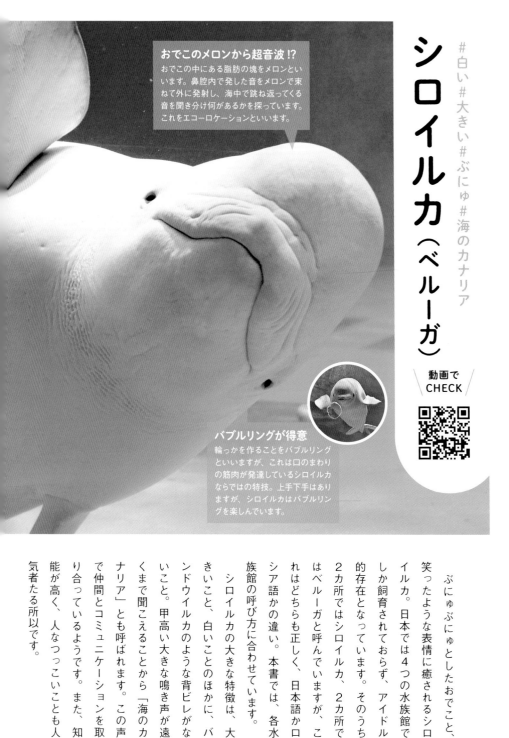

ニーナ(下)

性別 メス
来館 2016年
性格 しっかり者

ほかの個体に比べカラダが小さく、色は薄いグレー。マイペースですが、出産後は赤ちゃんを気にかけるしっかり者のお母さんです

2021年7月、鴨川シーワールド初のベルーガの赤ちゃんが生まれました。親子で寄り添って泳ぐ姿が見られます。公開の状況については公式サイトで確認を

ナック

性別 オス
来館 1988年
性格 生真面目で几帳面

人の声マネができます。「ぴよぴよ」「おはよう」などに近い鳴き声を発します。真面目なので、新人トレーナーにはちょっと厳しめ

鴨川シーワールド

飼育しているのは7頭。「泳ぐとおでこや、お腹がよく動くので、そのカラダの柔らかさがよくわかると思います。また、ボールなどの遊具で遊んでいる姿もかわいいですよ」(海獣展示一課:古賀 壮太郎さん)

パフォーマンス会場のマリンシアター、客席中段がちょうどベルーガの目線あたりになるので撮影におすすめ。水槽に近づくと、見学者に視線を向けることもあります

DATA → P169

展示場 -- マリンシアター

鴨川シーワールドのベルーガ

なぜ白い?

北極や流氷といった白い世界で暮らすため、カラダが白いことが保護色の役割を果たします。ロシア語の呼び名「ベルーガ」は「白い」という意味の「ベールイ」が由来です。

ANIMAL DATA
【学名】
Delphinapterus leucas
【分類】
クジラ目 イッカク科
シロイルカ属
【生息地】
北極海ほか
【好物】
魚、甲殻類、貝類など
【寿命】約30～40年
【サイズ】
全長最大6m

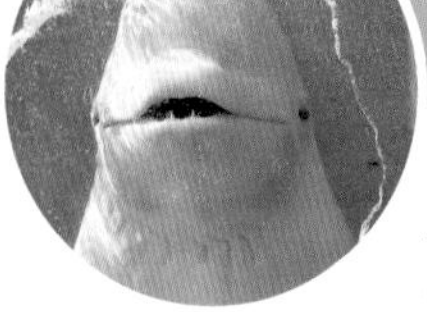

いたずら好きで、
水を飛ばしてきます

パララ

性別 メス
来館 2004年11月1日
性格 遊び好きで器用

器用におでこでボールをコロコロします。遊び出すと時間を忘れてしまうことも。力むと音が出てしまうのもかわいくバブルリングも得意です

クルル

性別 メス
来館 2004年11月1日
性格 好奇心旺盛

気になるものには近づいて確認しないと気がすまない性格です。おもちゃが大好きで、飼育員がおもちゃを投げると「また投げて」と言わんばかりにもってきます

横浜・八景島シーパラダイス

「4頭を展示しており、それぞれに役割があります。パララとプルルはふれあいラグーンのプールにいて、参加者と一緒に泳ぐ体験プログラムなどにも登場。クルルは今はアクアミュージアムで泳いでいます。シーマは『海の動物たちのショー』に出演中です」
（飼育員：廣野さん／細井さん）

ふれあいラグーンでは、プール前で目が合ったら撮影を。ショーではアクリル板に顔を乗せるシーン（P31写真上）をズームで

DATA → P172

展示場 --
ふれあいラグーン／アクアミュージアム

ふれあいラグーンにいた３頭が並んでご挨拶（現在は１頭がアクアミュージアムにいます）

プルル

性別　オス
来館　1998年10月23日
性格　感情表現豊か

大きなおでことつぶらな瞳から、この名前に。驚くような高い音が出せるほか、少しかすれた笑い声のような音も聞かせてくれます

シーマ

性別　メス
来館　2000年4月19日
性格　何ごとにも動じない

周りの環境が変わろうが、動じることなくパフォーマンスを披露する姿がカッコいい“シーマ”。横浜・八景島シーパラダイスのショーを支えてくれるベテランです

人にさわってもらうのが大好きです

ナナ

性別 メス
誕生 2007年7月25日
性格 好奇心旺盛

美しいバブルリングを見せてくれます。遊びの天才で、その遊びのなかから「エンジェルリングくぐり」や「お片付け」などのパフォーマンスをあみ出しました

ミライ

性別 オス
誕生 2012年8月2日
性格 すぐ仲良くなれる

公開トレーニングで披露することもある「ドラゴンスプラッシュ」は、水を吹きながらジャンプするという大技。ミライの得意種目です

名古屋港水族館

6頭を飼育。「公開トレーニングでは、ベルーガならではの特徴について、さまざまな種目を交えて解説します。シャチやバンドウイルカとの違いも感じてみてください」
（ベルーガ担当飼育係：大友 航さん）

2階の水中窓から見ているとベルーガがガラス面に寄ってくることがあります。バブルリングで遊んでくれたらシャッターチャンスです

DATA → P177

展示場 -- 北館「オーロラの海」

公開トレーニングあり

ベルーガたちのいろいろな行動が見られるトレーニング風景を公開しています

“アーリャ”の娘。物覚えが早く飼育員に褒められるのが好きで、いつもトレーニングに励んでいます。やや思い込みが激しいところもあり。現在は本館にいます

「幸せのバブルリング®」は飼育員が“アーリャ”が空気で美しい輪を作るのを見つけたのが始まり。現在は、別館にいます

Zoom

「幸せのバブルリング®」の親子３頭共演は（このときは“アーリャ”“シーリャ”“ミーリャ”）、ほかでは見られないパフォーマンス

島根県立しまね海洋館アクアス

展示は西日本唯一で７頭を飼育。「ユニークでかわいらしい動きが魅力的です。特に、おでこは大きさや形が個体によって異なり、見分けるポイントにもなります。実は、感触にも個体差があります」
（飼育員：北濱 大士さん）

おすすめはシロイルカ繁殖プールです。ガラス越しに見学者と遊ぶ姿がよく見られます。カメラ目線の写真を狙いましょう

DATA → P183

展示場 -- 本館シロイルカパフォーマンスプール／別館シロイルカ繁殖プール

好奇心旺盛で遊び好きなので、多種多様なおもちゃを与えたり、エサの時間に多くのサインを出したり、好奇心をさらに引き出す取り組みを行っています

ジンベエザメ

#魚類最大#のんびり#穏やかに#泳ぐ

名前は「甚平」から

和名のジンベエザメのジンベエは、カラダにある模様が着物の「甚平」に似ていたことから命名された、といわれています。英名の「Whale shark」はシンプルに「クジラのようなサメ」ですね。

写真提供：国営沖縄記念公園（海洋博公園）・沖縄美ら海水族館

動画で
CHECK

日本では4つの水族館でしか見ることができない、とても貴重な世界最大の魚類ジンベエザメ。一度は見てみたい、と思う魚類のひとつです。そのとてつもなく大きなカラダで水槽を悠然と泳ぐ姿を見れば、感動すること間違いなし。

日本で最初にジンベエザメを展示したのは国営沖縄記念公園水族館（沖縄美ら海水族館の前身）で、1995年から飼育している個体は今でも見ることができます。4館に共通しているのは、大きな水槽があることと、立ち上がるようにしてエサを食べるシーンが見られること。なかには、大水槽を上から観察できる施設もあります。本書では、その4つの水族館で現在、飼育・展示している個体を紹介します。

沖縄美ら海水族館の「黒潮の海」
水槽を泳ぐ“ジンタ”

魚類最大、実は温厚

サメの仲間ですが性格は温厚で、何かを襲うようなことはない、いたって平和主義のサメです。カラダの大きさは魚類最大で通常でも12 m前後、最大で14 m以上という記録もあります。

水槽の魚は食べない

ジンベエザメが食べるのは、動物プランクトンなどの小さいエサ。水族館では、1個体につき1日約30～40kg（個体により差あり）を与えています。水槽内を一緒に泳いでいる魚を食べることはないようです。

ANIMAL DATA

【学名】
Rhincodon typus
【分類】テンジクザメ目
ジンベエザメ科
ジンベエザメ属
【生息地】世界中の熱帯・
温帯の海域など
【好物】
プランクトンなど
【寿命】約 60 ～70 年
【サイズ】
全長 約 12 ～ 14 m
体重 約 20t

海遊館

2頭を展示しています。「一番の魅力は、やはりカラダの大きさです。泳いでいる姿はいつ見ても感動します。毎月1回採血を実施したり、24時間体制で観察しています」
（飼育員：芳井 祐友さん）

6階水槽のアクリル面越しに真横の姿を狙うと全身がカメラにおさまります。上のほうから、頭の模様が違う2頭を撮るのもおすすめです

DATA ➡ P181

展示場 --「太平洋」水槽

海《かい》（上）

性別 オス
誕生 不明
性格 動きが俊敏

カラダの小さい個体です。泳ぐのが早いため、一緒に泳ぎながらエサを与えている飼育員が、毎回息切れしているそうです

遊《ゆう》（下）

性別 メス
誕生 不明
性格 おとなしい

年に数回、カラダの大きさを計測します。練習を重ねるうちにスムーズに測れるようになりました

ナナベエ

性別 オス
来館 2019年10月7日
性格 穏やかで協調性あり

ジンベエザメにしては小柄で小回りがききます。健康診断の採血でもほかの個体が嫌がるなか、協力的で素直に採らせてくれるいい子です

給餌シーンが見られます

毎日11:00と16:00にエサの時間があります。縦に立ち上がるようにようにしてエサを食べる姿は迫力満点です

のとじま水族館

2頭を飼育しています。「魚たちは普段はゆっくり泳いでいますが、エサの時間帯が近づいてくるとソワソワして泳ぐ速度があがります。ジンベエザメの給餌は水槽入口付近で見ることができます」
(技師：平田 尚也さん)

館内を下っていくと奥に一番大きなガラス面があります。水槽全体が撮れるのでおすすめです。逆に入口付近で上から撮るのもあり

DATA ➡ P180

展示場 -- ジンベエザメ館 青の世界

ジンタ

性別　オス
来館　1995年3月11日
性格　常に冷静で穏やか

1995年からの飼育年数は世界最長飼育記録を更新中。来館当初、全長4.6 mだったのが今は8.8 mあります。ゆったりと水槽を泳いでいます

国営沖縄記念公園（海洋博公園）・
沖縄美ら海水族館

展示は1個体。「泳ぐ様子のほか、エサの時間に立ち泳ぎの姿勢でエサを食べる様子、美ら海シアターや黒潮探検など、いろいろな姿の“ジンタ”に出会えます」
（黒潮展示係：岡本 情さん）

15:00、17:00の給餌時間に大水槽正面から上を見上げるようにして撮影を。美ら海シアターでは水槽中層部分で目の前を横切る姿を狙いましょう

DATA → P188

展示場 -- 黒潮の海

いつものびのびと泳ぐ“ジンタ”

水上観覧コースあり

ジンベエザメがいる「黒潮の海」大水槽を決まった時間帯に上から見られる「黒潮探検」が人気。料 無料（入館料別）、予約不要

いおワールド かごしま水族館

1頭展示。「ジンベエザメの食事の時間に大きな口で海水ごとエサを吸い込むシーンは大迫力。ジンベエザメ展示継続のため、全長5.5 mに達する前に海に返し、個体の入れ替えを行っています」
（館長：佐々木 章さん）

水槽が暗いのでブレないよう三脚を使用しましょう（三脚使用可）。水槽からやや離れて全身を撮るか、正面顔を狙うのがおすすめ

DATA ➡ P187

展示場 -- 黒潮大水槽

ユウユウ

性別 オス
来館 2019年9月6日
性格 悠々としている

10代目“ユウユウ”。当館展示の歴代ジンベエザメはすべて“ユウユウ”の愛称です。2019年に鹿児島県の下甑島《しもこしきしま》の定置網に入網した個体です

Zoom

これは以前、水族館にいた個体の写真です。海に返したジンベエザメは、生態を解明するための調査を行っています

カワウソ

#小さな手#握手#泳ぐと#速い

サンシャイン水族館のコツメカワウソ
三姉妹の重なりショット

コツメカワウソとツメナシカワウソの違いって!?

名前そのまま、小さなツメを持っているのがコツメカワウソ、ツメがないのがツメナシカワウソ。ただし、ツメがないといっても後肢に少し短いツメはあります。前肢にはありません。

動画で
CHECK

ANIMAL DATA

【学名】
Aonyx cinerea（コツメカワウソ）
Aonyx capensis（ツメナシカワウソ）
【分類】
食肉目 イタチ科 カワウソ亜科
【生息地】
南極、オーストラリア、
ニュージーランド以外の世界全域
【好物】魚、甲殻類、両生類など
【寿命】飼育下で 13 ～ 15 年
【サイズ】
頭から尾まで約 65 ～ 100cm
体重 約 3 ～ 6kg（コツメカワウソ）
頭から尾まで約 120 ～ 140cm
体重 約 10 ～ 20kg（ツメナシカワウソ）

夫婦仲よし！パパはイクメン

一夫一妻制で夫婦仲がいいのがカワウソの特徴。多くは家族で仲良く暮らしています。出産で赤ちゃんが複数生まれることも多く、オスも育児に協力的です。

手には水かき！泳ぐのが上手

4 つの肢には水かきがついているので、泳ぐのは得意。高速で泳ぎ回ります。短めの肢と細長い胴体は、水の抵抗を減らして泳ぐためといわれています。

カワウソが水族館の人気者になったのは、つい最近のこと。伊勢シーパラダイスで、カワウソにエサをあげるときにタッチできるお食事タイムが始まってからといわれています。このかわいい仕草がSNSで話題になり、いろいろな水族館で実施され、同時にカワウソ人気も上昇していきました。これは、カワウソが手で隙間をさぐって獲物を捕まえる独特の習性を生かした素晴らしいプログラム。また、お願いポーズやキスをするなど芸達者。そんなところも人気者になった要因かもしれません。

日本でカワウソを飼育する水族館・動物園は約60カ所あり、ほとんどがコツメカワウソ。ツメナシカワウソは3カ所、ほかにユーラシアカワウソが約10カ所にいます。

コツメカワウソ

(母)マハロ

(娘)あいり／てまり／ひまり

性別 メス
誕生 母：2014年8月7日／
娘：2021年2月1日
性格 母は好奇心旺盛／あいりはおっとり／てまりは社交的／ひまりは元気で活発

娘3頭は鼻色に注目。写真奥から"あいり"がピンク色、2番目の"てまり"が茶色、3番目は"マハロ"で、一番手前の"ひまり"が茶色に少しピンク色です

サンシャイン水族館

4頭を展示。「家族で群れをつくるなど社会性がある動物で、親と子、姉妹同士などを観察していると関係性が見えてきておもしろいですよ。"個"もいいですが"群れ"にも注目してみてください」
(飼育スタッフ：與倉 陵太さん)

展示場の右側から撮影するのがおすすめ。芝生やハンモックがあるので、この場所にいることが多いです。休んでいるときは全頭揃うのでシャッターチャンスです

大あくびしたり眠そうだったり、表情が豊かです

DATA → P170

展示場 -- マリンガーデン「カワウソたちの水辺」

2018年に
いただき
ました♪

兄弟の"きらり"と出場した全国から集結したカワウソがかわいさを競う『カワウソゥ選挙』で優勝。目がぱっちりとしたイケメンで、写真撮影はいつもドヤ顔の決めポーズです

伊勢シーパラダイス

6頭を展示。「ツメナシカワウソは日本では3カ所にしかいません。フサフサの毛と愛くるしい顔は、まるで動くぬいぐるみのよう。手先が器用で、好奇心も旺盛なのでモノを取られないよう注意しています」
（カワウソママ：小野田 忍さん）

ツメがない手と意外と鋭いキバに注目。1日3回あるお食事タイムのときが撮影チャンスです。右写真のようなカットを狙ってみてください

DATA ➡ P178

展示場 -- 海獣広場

ツメナシカワウソ

ひらり

性別 オス
誕生 2017年4月10日
性格 おおらか

Zoom

最近よく実施されているカワウソとのタッチ体験。実は、これを最初に始めたのが伊勢シーパラダイスです。ツメナシカワウソのタッチ体験は日本唯一

双子の兄弟“ワサビ”と
仲よしです。あらあら、
兄弟なのに…

下田海中水族館

2頭を展示。「給餌のときは、ガラス面でお客様に手を振ったり、仰向けでお腹を見せたり、かわいらしい仕草を見せてくれます」
（飼育員：岡野 司さん）

13:30、15:30頃の給餌のときは、よく動くのでチャンス。11:00頃は寝ていることが多いので寝顔ならこの時間に

DATA → P176

展示場 -- コツメカワウソ展示舎「ふれあいの森」

コツメカワウソ

マメタ

性別　オス
誕生　2014年7月15日
性格　食いしん坊

お腹が空いているときはよく鳴いてエサをねだります。ときには、食べているときもずっと鳴いているほどの食いしん坊です

コツメカワウソ
ウメ
性別　メス
誕生　2018年12月18日
性格　遊び好き
一度に2・3個のボールで遊ぶときもあって見ていて飽きません。とっても食いしん坊で、給餌のあるふれあいイベントもいつも一番乗りです

箱根園水族館

4頭を展示。「ごはんを食べる姿とボール遊びの様子がかわいいです。ボールは噛んでも割れないようゴルフボールを使っています」
（飼育員：小杉 智花さん）

正面からなるべくガラス面にカメラを近づけるようにするとキレイに撮れます。ふれあいイベント料500円（入館料別）に参加すると握手をすることができます

DATA → P174

展示場 -- コツメカワウソ展示場

横浜・八景島シーパラダイス

「ふれあいラグーンはパフォーマンスや体験プログラムのときに登場。アクアミュージアムは常に見学でき、親子でじゃれあったり寝たりする姿がかわいいです」
（飼育員：石野さん／新井さん）

ふれあいラグーンではアニマルパフォーマンスの時間に最前列で。アクアミュージアムでは「コツメカワウソとあくしゅ」の瞬間を連写

DATA ➡ P172

展示場 -- ふれあいラグーン／アクアミュージアム

パフォーマンスのときも、ごはんを食べているときも、ずっとおしゃべりをしています。お客さんの膝上を走り抜ける膝ダッシュが得意

コツメカワウソ

ハナ

性別　メス
誕生　2016年3月13日
性格　おしゃべり好き

高いところから周囲を観察したり、水中で遊んだりと元気いっぱい。人のこともよく観察しているので、目が合うことも多いです

コツメカワウソ

キソ

性別　オス
誕生　2016年10月23日
性格　観察力がある

ツメナシカワウソ

くるり

性別　メス
誕生　2015年3月17日
性格　好奇心が強い

おてんばで、巣箱、ハンモック、おもちゃ…あらゆるモノを破壊した経験があります。まん丸の目と鼻先のピンク色の模様が特徴

仙台うみの杜水族館

「好奇心旺盛過ぎるため、飼育場内のいろいろなものを遊び道具にしてしまいます。安全な環境作りに常に気をつけて飼育管理をしています」
（海獣ふれあいチーム：海老澤 美海さん）

昼と夕方、ごはんの時間の前後がチャンスです。展示場中央の木製デッキにいるところや泳ぐ姿を間近で撮影できます

DATA ➡ P167

展示場 -- 世界のうみ「アフリカ」

しながわ水族館

2頭を展示。「えさやり体験イベントでは、鋭い歯でむしゃむしゃ魚を頬張る姿を間近で見られます。かわいい姿とギャップがあるのも魅力のひとつです」
（海獣担当：川口 葵さん）

2頭が仲よく寝ている姿はとてもほっこりします。抱き合っていたり、仰向けだったり、お腹に顔をのせたり、いろいろな姿を狙いましょう

DATA → P171

展示場 -- カワウソ「小さな狩人」

高いところに登って外をよく観察しています。陸においてある毛布や古いシャツを引っ張って水の中に入れるのが得意（?）です

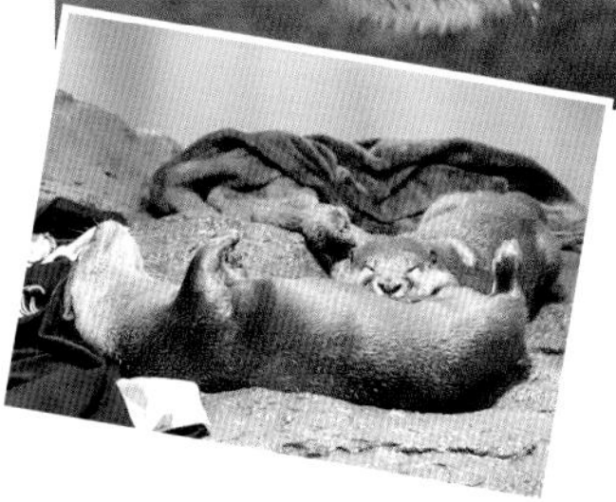

手前の“ニコ”と一緒に寝ているのが“シュラ”。とても仲よしです

コツメカワウソ

ニコ

性別 メス
誕生 2014年8月2日
性格 少しだけ怖がり

コツメカワウソ

桜《おう》

性別 メス
誕生 2014年10月12日
性格 怒ると怖い

美形のよきお母さん。怒ると突然、飼育員の長靴を攻撃したりします。「それもまたかわいいけど、怖いからやめて（笑）」（飼育員談）

桂浜水族館

5頭を展示。「高齢個体と若齢個体の行動の違いもおもしろいです。イタズラ好きなのでモノを壊すこともあり、施設点検にはかなり気を使っています」
（ショーチームリーダー：まるのんさん）

俊敏なため動き回っているときに撮るのは至難の業。団子状態になって寝ているときや、ごはんを食べているときがおすすめです

DATA → P185

展示場 -- コツメカワウソ舎

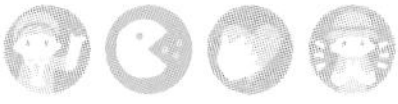

ラッコ

#展示は2カ所#貴重#おしゃれ

よっ！
英語の名前は"海のカワウソ"
名前については、この生きものをアイヌ語で「rakko（ラッコ）」と呼んでいたことに由来するといわれています。英語では「Sea Otter」といいますが「Otter＝カワウソ」なので"海のカワウソ"という意味です。
貝を割るための石を袋にキープすることも
ラッコは貝やウニのトゲなども気にせずバリバリ食べます。貝を石で割る行動はラッコの習性で、割るための石をお腹のたるみ部分にしまい込んでおくこともあるようです。

ラッコは水族館の定番で、どこでも見られると思っていませんか？ 確かにそんな時期もありました。１９９０年代には日本でも約30館、１２０頭以上が飼育されていました。しかし、いま国内でラッコを展示しているのは、わずか2つの水族館だけ。世界的にも絶滅危惧種となっているラッコはとても希少な生きものなのです。

ラッコは、こだわりが強くデリケートな性格といわれています。また、道具を使うなど、かなり賢い面もあります。ほとんど水上で生活し、眠るときは海藻をカラダに巻いて、流されないようにして休みます。鳥羽水族館の名物「イカ耳ジャンプ」（P49）のように、意外と行動的な面もあるので、動きをじっくり観察してみてください。

リロ

性別 オス
誕生 2007年3月30日
性格 真面目で感受性強め

ダンスとハイタッチが得意ながんばり屋さん。大きな音やはじめて見るものが少し苦手で、急にビックリして飛び跳ねることがあります

マリンワールド海の中道

1頭を展示。「プカプカ浮いているイメージがあると思いますが、実はアクティブで、おもちゃで遊んだり、食事は鋭くとがった歯でイカを引きちぎって食べたりします」
(飼育員:秋吉 未来さん)

プールの左側は光が反射し撮りづらいので、中央から右側がベスト。食事タイムにはガラス面で止まるときがシャッターチャンス

DATA ➡ P186

展示場 -- ラッコプール

飼育員が手を出すとタッチしてくれます。この姿がたまらなくキュートです

マリンワールド海の中道のアイドルラッコ“リロ”

キレイ好きでおしゃれ! 毛づくろいが趣味!?

全身に8億から10億本もの体毛が生えています。毛づくろいをする理由はキレイにしておくことで、空気が毛の間に入り込み、水面に浮くことができるから。キレイ好きも必然でした。

ANIMAL DATA

【学名】
Enhydra lutris
【分類】
食肉目 イタチ科
カワウソ亜科 ラッコ属
【生息地】北アメリカ大陸
から千島列島の沿岸
【好物】
貝類、甲殻類、ウニ類など
【寿命】約25年
【サイズ】
体長 約100～140cm
体重 約15～45kg

メイ（右）

性別　メス
誕生　2004年5月9日
性格　敏感で怖がり

「イカ耳ジャンプ」が得意技。小さな貝殻を脇の下に集めるときは、落ちないように大きな貝殻でフタをしたりと、とても賢い個体です

考えてるポーズのようなサービスショットをよく見せてくれます

鳥羽水族館

2頭を展示。「お食事タイムが必見。泳ぎやジャンプなど、いろいろな能力やかわいい仕草を見られます。毛が汚れると体温調節ができなくなるので水質管理にも十分気をつけています」（飼育員：南 理沙さん）

水槽のガラス越しに、お食事タイム中にジャンプしたりするシーンを撮るのがおすすめです。昼寝しているときもかわいいです

DATA ➡ P179

展示場 -- 極地の海

写真提供：鳥羽水族館

キラ（左）

性別　メス
誕生　2008年4月21日
性格　おっとりしている

お腹が空いているときは鳴いてアピールしますが、嫌いな食べ物はすぐに返してきます。食べるスピードはゆっくりでマイペースです

アドベンチャーワールドからやって来ました。“メイ”には自分から近づいて仲よくなりました。高速バイバイ、高速拍手という得意技を持っています

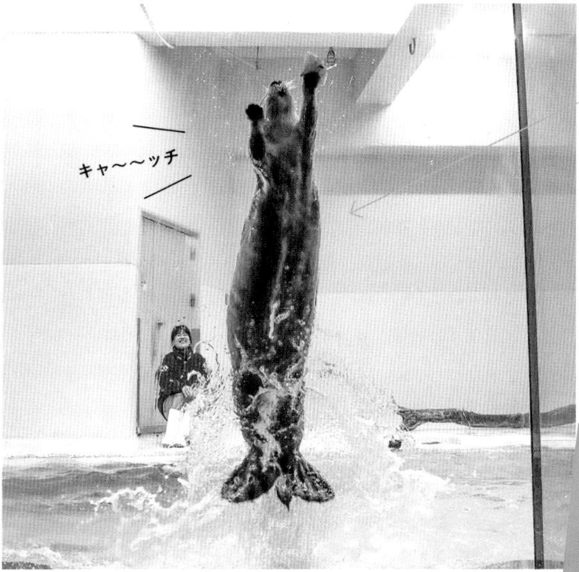

Zoom

お食事タイムの名物「イカ耳ジャンプ」は、飼育員がガラス面にイカ耳を投げると、助走をつけてイカ耳めがけてジャンプします

ガラス面近くでの“メイ”。
愛嬌たっぷりの表情

ホッキョクグマ

#白い#シロクマ#陸上最大#肉食系

毛は白くない!? なぜ白く見える?

毛は白く見えますが、実は白ではありません。ホッキョクグマの体毛は内部が空洞になっているため、光を透過して白く輝いて見えるのです。これは、ほ乳類の中でも珍しい特殊な構造といえます。

泳ぎが得意! 長時間でもOK

水族館でも泳いでいる姿はよく見かけます。ホッキョクグマは泳ぎがとても上手で、長時間、海を移動することもあります。首が長くて小さな流線形をした頭は、泳ぐことに適応した結果ともいわれています。

動画で CHECK

シロクマとも呼ばれ、親しみやすいイメージがある一方〝陸上最大の肉食獣〟であり、北極圏ではアザラシやセイウチも捕食するというストロングな面もあるホッキョクグマ。地球温暖化や気候変動の影響で絶滅の危機といわれていますが、日本の水族館や動物園では、全部で20弱の施設で展示されています。ペンギンやカワウソと同じく、水族館でも動物園でも見られるのが大きな特徴です。

水族館では、大きな水槽に岩場とプールが用意され、そこで泳いだり眠ったり、というスタイルがメイン。寝ていることが多々ありますが、歩き回ったり水にダイブしたりアクティブに動く時間帯もあります。特に食事の時間の前後や閉館前などが狙い目かも。

ユキ丸

性別　オス
来館　1993年4月22日
性格　まだまだ活動的

水族館では体力や能力を維持する動物福祉にも力を入れており、高齢でありながらとても活動的です。昼寝をしている姿もとてもキュート

横浜・八景島シーパラダイス

1頭のみの展示で、ホッキョクグマは開館当時から当館のシンボル的存在。「飼育下でもときどき本能が出ることもあります。そんな行動を引き出せたときはうれしく思います」
（飼育員：山形 えり子さん）

水槽前の階段上から。泳いでいるときはガラス面に急接近するので迫力の1枚を狙えます。手足の裏側が撮れるチャンスも

DATA → P172

展示場 -- アクアミュージアム

ハロウィンの季節にカボチャのプレゼントをもらったユキ丸

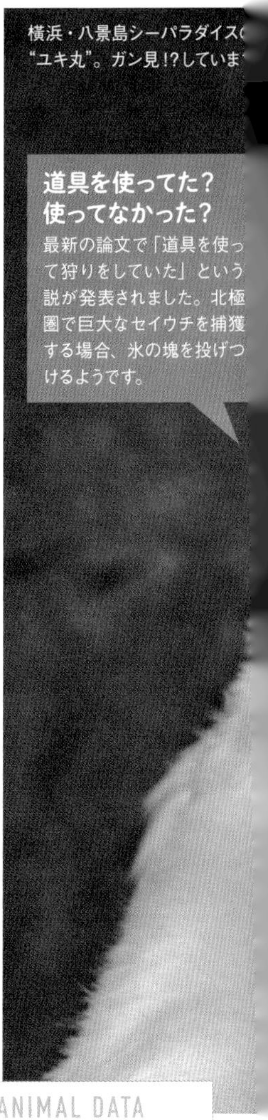

横浜・八景島シーパラダイスの
"ユキ丸"。ガン見!?していま

道具を使ってた？
使ってなかった？
最新の論文で「道具を使って狩りをしていた」という説が発表されました。北極圏で巨大なセイウチを捕獲する場合、氷の塊を投げつけるようです。

ANIMAL DATA
【学名】
Ursus maritimus
【分類】
食肉目 クマ科 クマ属
【生息地】
北極圏、北アメリカ・ユーラシア大陸北部
【好物】
魚類、鳥類など
【寿命】約25～30年
【サイズ】
体長　約1.8～2.5 m
体重　約200～600kg

ユキ

性別　メス
誕生　1999年11月26日
性格　おおらか

2019年に来館した"ユキ"。翌年の12月にはオスの"豪太"との間に"フブキ"を生み、お母さんになりました。子育ても順調です

バケツを頭にかぶったのでしょうか？とれなくなったのかな

フブキ

性別　オス
誕生　2020年12月26日
性格　食欲旺盛

目の前にエサがあるのにママが食べている分まで横取りしようとして、たまに怒られています。すさまじい食欲で月10kgくらいずつ増加中

男鹿水族館GAO

「2頭のほか、もうひとつの展示場には"豪太"がいます。ホッキョクグマはお尻もチャームポイント。うつ伏せで休んでいる姿を見つけたらお尻に注目してみてください」
（展示係：田口 清太朗さん）

水槽のガラス越しに泳いでいる姿を。ときどき、ガラス越しの見学者を目がけプールに飛びこむこともあるので、その瞬間を狙っても

DATA ➡ P166

展示場 -- ホッキョクグマ水槽・広場

"フブキ"は好奇心が強く、おもちゃがあるとひたすら遊びます

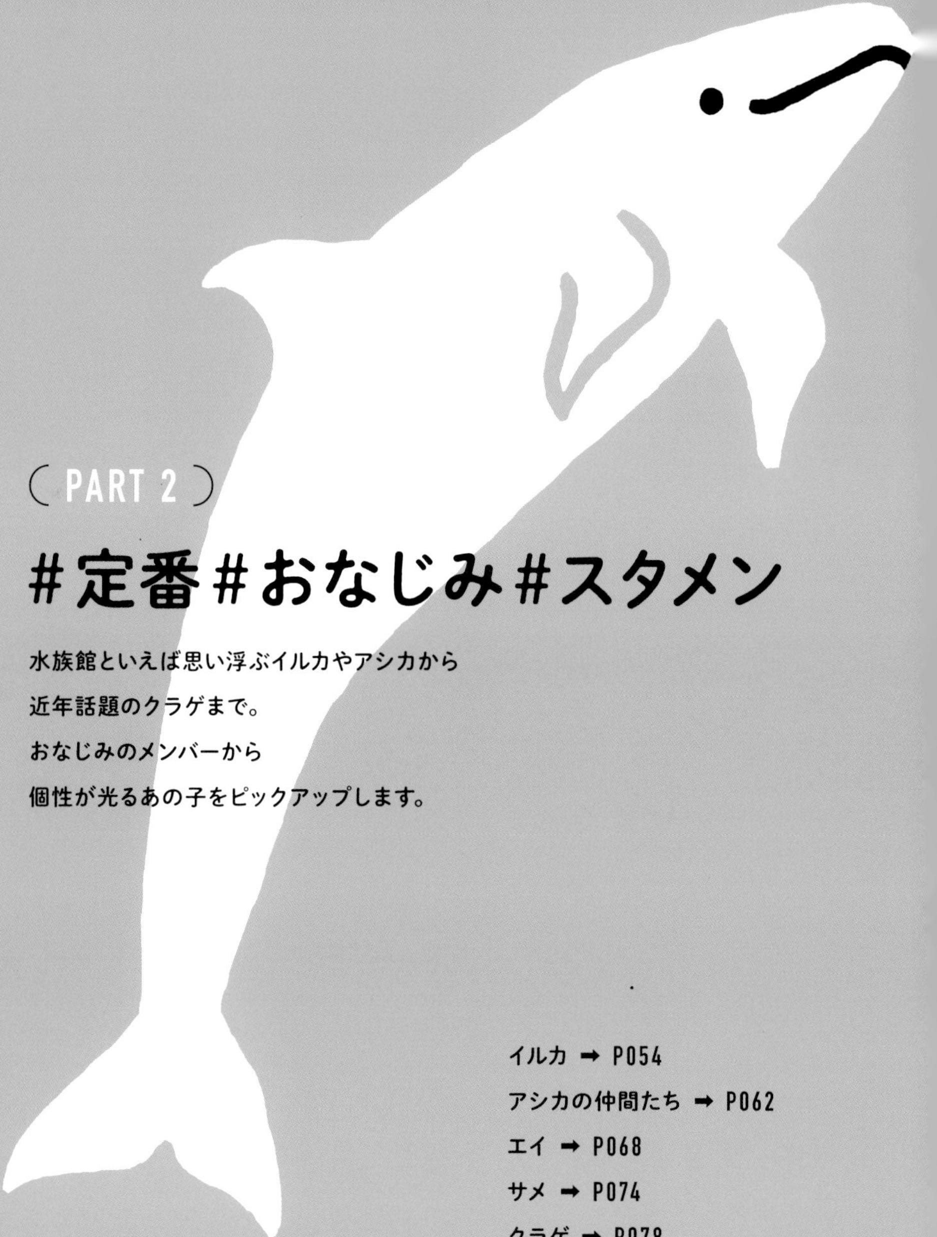

(PART 2)

#定番#おなじみ#スタメン

水族館といえば思い浮ぶイルカやアシカから
近年話題のクラゲまで。
おなじみのメンバーから
個性が光るあの子をピックアップします。

イルカ ➡ P054
アシカの仲間たち ➡ P062
エイ ➡ P068
サメ ➡ P074
クラゲ ➡ P078
おなじみの魚たち ➡ P082

イルカ

#ショー#人気#速い#人なつっこい

クジラとの違いは

体長約４ｍより大きいものがクジラ、小さいものがイルカといわれますが、明確な区別はありません。両方クジラ目で、イルカはハクジラ亜目に属します。クジラはヒゲクジラ亜目など種類によっていろいろです。

泳ぎながら寝る!?

イルカは泳ぎながら寝ます。脳の半分が寝ていて半分は起きているという状態。これを半球睡眠といって、クジラや渡り鳥もこの方法で眠るようです。寝ている間は泳ぐ速度が少し落ちます。

動画で
CHECK

水族館といえばイルカショー、というイメージの人も多いでしょう。日本では約30カ所の水族館でイルカを飼育・展示していて、そのほとんどの施設でショーやパフォーマンスを行っています。なかには、ふれあいタイムや一緒に泳ぐといった体験プログラムを実施しているところもあり、イルカの人気度が高いことがわかります。

イルカにはさまざまな種類がありますが、日本の水族館ではバンドウイルカとカマイルカの飼育が多数。なお、バンドウイルカはハンドウイルカとよぶこともあります。これは歌舞伎で敵役でありながら人を笑わせる「半道敵《はんどうがたき》」が由来、とされています。イルカが少し笑っているような顔をしているから、かもしれません。

鴨川シーワールドの
カマイルカ

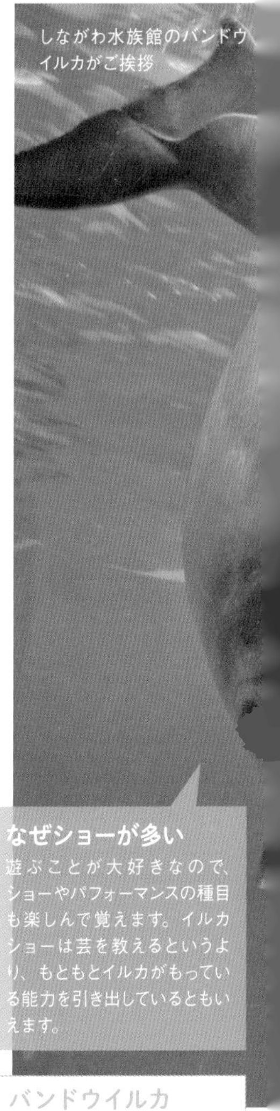

しながわ水族館のバンドウイルカがご挨拶

カマイルカ ANIMAL DATA

【学名】*Lagenorhynchus obliquidens*
【分類】クジラ目
ハクジラ亜目
マイルカ科 カマイルカ属
【生息地】
北半球の太平洋沿岸の海域
【好物】魚、イカなど
【寿命】約 20 ～ 40 年
【サイズ】
体長約 2 ～ 2.5 m／
体重約 150kg

イルカ３種の違い

	大きさ	色・模様	名前の由来
バンドウイルカ	大	全身グレー	歌舞伎の「半道敵」から
カマイルカ	中	白と黒とグレー	背びれの形がカマ
マダライルカ	小	グレーでマダラあり	マダラがあるから

なぜショーが多い

遊ぶことが大好きなので、ショーやパフォーマンスの種目も楽しんで覚えます。イルカショーは芸を教えるというより、もともとイルカがもっている能力を引き出しているともいえます。

四国水族館の
マダライルカ

マダライルカ ANIMAL DATA

【学名】
Stenella attenuata
【分類】クジラ目
ハクジラ亜目
マイルカ科 スジイルカ属
【生息地】世界中の温帯・
亜熱帯・熱帯の海域
【好物】小魚など
【寿命】約 40 年
【サイズ】
体長約 1.5 ～ 2 m／
体重約 120kg 以下

バンドウイルカ ANIMAL DATA

【学名】
Tursiops truncatus
【分類】クジラ目 ハクジラ亜目
マイルカ科 バンドウイルカ属
【生息地】
世界中の温帯・熱帯地域
【好物】
魚、イカなど
【寿命】約 20 ～ 30 年
【サイズ】
体長約 2 ～ 4 m／
体重約 150 ～ 650kg

日本最大級のメインプール

パフォーマンス会場は日本最大、幅60 m×奥行30 m×最大水深12 mの大プール。大型映像で臨場感たっぷりです

名古屋港水族館

全15頭を飼育。「バンドウイルカは、顔の模様、背ビレの形など、注目して見るとみんな違って個性があります。カマイルカは敏捷でキレのいいジャンプを見せるなど身体能力が高いのが特徴です」（イルカ担当飼育係：榊原さん／横田さん）

パフォーマンス時は、観覧席の後ろからワイドで。前方の席からはジャンプの瞬間などを連写で。水中観覧窓では間近で撮影できます

DATA ➡ P177

展示場 -- 北館（メインプール。バンドウイルカはイルカプールも）

バンドウイルカ

ハル

性別 オス
誕生 2018年5月17日
性格 落ち着きがある

水遊びをしたりトレーナーとたわむれたり。水中で鼻から空気の泡を出して遊ぶことが大好きです。得意技は、お母さんの“ルル”と一緒にジャンプすること

カマイルカ

アイ

性別 メス
誕生 2009年6月4日
性格 おてんば

きりもみ状にカラダを回転させながらジャンプする「垂直バレルロール」が得意。氷が大好きで、プールに氷がまかれると誰よりも早く反応します

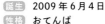

横浜・八景島シーパラダイス

「ふれあいラグーンのバンドウイルカは、さわってもらうことが大好きです。カマイルカは俊敏な動きを生かしてショーで活躍中」
（飼育員：石野さん／細井さん）

ふれあいラグーンでは、水面からカラダを傾け観客席を見ているときがチャンス。アクアスタジアムでのショーは連写で撮りましょう

DATA ➡ P172

展示場 -- ふれあいラグーン／アクアミュージアム／ドルフィン ファンタジー（カマイルカはアクアミュージアムのみ）

バンドウイルカ

チア

性別 メス
誕生 2020年6月26日
性格 好奇心旺盛

好きなおもちゃはバスケットボール。口先で突きながら遊ぶことがブームのようです。さわられることも大好きなので、人がいると必ず寄ってきます

カマイルカ

ハル

性別 オス
誕生 2020年6月29日
性格 何にでも興味津々

トレーナーを見ると、元気いっぱいにジャンプをしながらごはんを待っています。お母さんに甘えて一緒に泳いでいる姿もかわいい

トレーナーは遊びながらイルカたちの行動を観察し、トレーニングにいかしています

マダライルカ

夕陽をバックにジャンプ

夕暮れ時には瀬戸内海に沈む夕日を背景にイルカを見ることができます。ジャンプが見られたらラッキー

四国水族館

全部で9頭がいます。「いるかの時間では、イルカの身体能力や生態について、パフォーマンスと大型ビジョンにより解説します」

イルカ水路にイルカがいる姿は、イベント「青空イルカウォッチング」のときに、間近で撮影することができます

DATA ➡ P185

展示場 -- サンセットデッキ／海豚プール

写真提供：四国水族館

頭上をイルカがジャンプ

海上ステージのイルカショーを、イルカが頭上をジャンプする特等席で見ることが可能。料1000円～（入館料別）

エサをあげられるドルフィンフィーディング 料1300円（入館料別）も

下田海中水族館

「広い入江を利用した施設でのびのび暮らしています。ときには小魚を追いかけて、ものすごいスピードで泳ぐ姿も見られます。ショーはトレーナーとの息の合ったジャンプが見どころです」
（飼育員：安田 健太さん）

アクアドームペリー号の立ち見席から、ショーのジャンプの瞬間を狙いましょう。各種プログラム時に体験ショットを撮影するのもあり

DATA → P176

展示場 -- 海上ステージ

バンドウイルカ

スカイ

性別 メス
来館 2004年11月12日
性格 神経質でツンデレ

ゴミ拾いが特技です。また砂地を掘ってエサを獲ってくることもあります。ヒラメなどをくわえてトレーナーに見せびらかしてきたりもします

鴨川シーワールド

「地階のガラス面と地上の水面からお客様をのぞいたり好奇心旺盛。健康チェックのほか一緒に遊ぶことを大切にしています」
（海獣展示二課：細野 透さん）

ロッキーワールド地階の水中観察窓では、ガラス面に寄ってくることが多いので接近ショットを。地上ではジャンプが見られることも

DATA ➡ P169

展示場 --
イルカの海／サーフスタジアム

バンドウイルカ
リード

性別 オス
誕生 2017年9月21日
性格 人なつっこい甘えん坊

両親ともに当館生まれで、鴨川シーワールド初の飼育下３世のバンドウイルカです。人の姿を見かけるとガラス面に寄ってきたりします

カマイルカ
ディオ（下）

性別 オス
誕生 2019年5月29日
性格 怖いもの知らず

カマイルカ日本初の人工授精で誕生した"ディオ"。人工哺乳でしたが無事大きくなりました。今でも母親の"ディアナ"と寄り添って泳ぐ姿が見られます

バンドウイルカ
バニラ（左）

性別 メス
来館 2010年9月28日
性格 なんでも一生懸命

持ち前の真面目さでドラマの主人公に抜擢されたこともあります。2019年に出産を経験。授乳や子育てを上手にこなしている、肝っ玉母さんです

しながわ水族館

「ジャンプや高速遊泳、器用な仕草など、これでもかというくらい魅力がいっぱい。毎日楽しく過ごせるよう遊んだりしています」
（海獣担当：川口 葵さん）

イルカのジャンプは、上を見上げるようにして撮ってみましょう。屋外プールなので、イルカと青空、緑が入った写真が撮れます

DATA ➡ P171

展示場 -- イルカ・
アシカスタジアム／イルカの窓

マクセル アクアパーク品川

「私たちトレーナーは、イルカに寄り添い気持ちを通わせることに力を注いでいます。イルカにとってワクワクする存在であり続けたいです」（トレーナー：木村 友美さん）

パフォーマンス中は連写で撮影が◎。お気に入りの個体を撮りたいときは、パフォーマンス後、トレーナーに話しかけてみましょう

DATA ➡ P171

展示場 -- ザ スタジアム

バンドウイルカ

レイニィ

性別　メス
来館　2005年6月7日
性格　陽気でポジティブ

水面でおもちゃをじっと見つめ、ときどき突いて遊びます。早朝、プール底で横になって休むことがブームのようです

パフォーマンスが見応えあり

ザ スタジアムでのパフォーマンスは昼と夜で演出が異なり、夜はライティングや映像にもこだわっているので幻想的です（左写真）

オキ

性別　メス
来館　1975年5月1日
性格　よく食べて、よく動く

日本で飼育しているのはここだけ。国内最長飼育記録も更新中で2021年で46年になりますが、まだまだイルカショーで活躍中。ボールバランスが得意技です

ミナミバンドウイルカ
ANIMAL DATA

【学名】
Tursiops aduncus
【分類】クジラ目 ハクジラ亜目
マイルカ科 バンドウイルカ属
【生息地】オーストラリア周辺
などの沿岸域、北太平洋西側
【好物】魚など
【寿命】約35～40年
【サイズ】体長約2～3m／
体重約250～300kg

成長するとお腹に斑点

バンドウイルカには、バンドウイルカとミナミバンドウイルカの2種があります。ミナミバンドウイルカは、口先が細長く、背の色が濃いグレーで、お腹は白く、成長すると斑点が出てきます。

国営沖縄記念公園（海洋博公園）・沖縄美ら海水族館

オキちゃん劇場では約6頭のイルカがショーで活躍。「日々のトレーニングでイルカと信頼関係を築くことは健康管理にも生かされます」（イルカ係：比嘉 克さん）

ショーの後半は、ダイナミックなジャンプが続きます。カメラは構えたまま連写で。ショーの前後はプールのアクリル面に寄ってきます

DATA ➡ P188

展示場 --
周辺施設「オキちゃん劇場」

写真提供：国営沖縄記念公園（海洋博公園）・沖縄美ら海水族館

南知多ビーチランド

イルカは15頭を飼育。「交雑種は飼育事例が少なく、エサの選択や健康管理等に注意しています。“プリン”は人と遊ぶのが大好きです」(担当飼育員)

ふれあいゾーンにある観察窓にイルカが近寄ってきたとき、正面顔や横顔を狙いましょう。ショーの最中は客席からズームで

DATA ➡ P177

展示場 -- イルカスタジアム／ふれあいゾーン

交雑種イルカ

プリン(左)

性別 メス
誕生 1993年1月27日
性格 おてんば

ハンドウイルカとハナゴンドウの間に生まれた交雑種です。口先が短く、頭が丸く、目がクリっとしています。この種間で生まれた交雑種としては、飼育年数世界一を更新中です

ハンドウイルカ

イブ(子)

性別 メス
誕生 2016年12月31日
性格 食いしん坊

これは赤ちゃんの頃の写真。現在は大きくなっています。クリスマスイブに出産兆候があり、ニューイヤーイブに誕生しました

ハンドウイルカ

ナーガ(母)

性別 メス
来館 1997年2月19日
性格 慎重

“イブ”のお母さん。カラダがほかのイルカたちに比べて細長いのでこの名前になりました。しっかり子育てもできました

Zoom

錦江湾とつながった自然の海の一部に「イルカ水路」があります。ここでは、イルカが泳いだり遊んだりしている様子を見ることができます

いおワールドかごしま水族館

全部で9頭がいます。「いるかの時間には、イルカの身体能力や生態について、飼育員が大型ビジョンを使って解説もします」
(館長：佐々木 章さん)

イルカ水路にいる姿を「青空イルカウォッチング」のときなどに撮影すると、イルカをより間近から撮ることができます

DATA ➡ P187

展示場 --
イルカプール／イルカ水路

アシカの仲間たち

#違いを#チェック#トドも#アシカ科

トド
ANIMAL DATA

【学名】
Eumetopias jubatus
【分類】
食肉目 アシカ科 トド属
【生息地】北太平洋など
【好物】魚、イカ・タコなど
【寿命】約20～30年
【サイズ】
体長約2.5～3.5m／
体重約350～1100kg

動画でCHECK

アザラシとの違いは？
わかりやすい違いは3つです。アシカには耳たぶのようなものがあり、泳ぎは前肢で、陸上では四肢で移動します。アザラシは耳たぶ的なものはなく、後肢を振って泳ぎ、陸上ははって移動します。

アシカ科に属する生きものたちのなかで、トド、オタリア、アシカ、オットセイの4種はよく似ています。しかしよく見ると、トドはカラダが大きい、オタリアは鼻先が短い、アシカは耳たぶが長い、オットセイは鼻先がとがっているなど、それぞれ特徴があります（左表）。また、アシカはツルツルに見えても実は毛があり、オタリアとオットセイは水から上がって乾くとフサフサになります。

アシカの仲間がいる日本の水族館・動物園は60~70カ所。一番多く飼育されているのはアシカで、多くの施設でパフォーマンスやショーを実施しています。アシカは遊び好き。覚えたことも忘れないので、訓練というより、遊びとしていろいろな技を会得するようです。

ミナミアメリカオットセイ ANIMAL DATA

【学名】*Arctocephalus australis*
【分類】食肉目 アシカ科 オットセイ亜科
【生息地】南アメリカなど
【好物】魚、甲殻類など
【寿命】飼育下で約 20 ～ 30 年
【サイズ】体長約 1.2 ～ 2 m／体重約 30 ～ 200kg

カリフォルニアアシカ ANIMAL DATA

【学名】*Zalophus californianus*
【分類】食肉目 アシカ科 アシカ属
【生息地】北アメリカ西部など
【好物】魚、イカなど
【寿命】約 25 年
【サイズ】体長約 1.8 ～ 2.5 m／体重約 70 ～ 280kg

オタリア ANIMAL DATA

【学名】*Otaria flavescens*
【分類】食肉目 アシカ科 オタリア属
【生息地】南アメリカ西部など
【好物】魚、イカなど
【寿命】飼育下で約 25 ～ 30 年
【サイズ】体長約 2 ～ 2.8 m／体重約 150 ～ 350kg

アシカの仲間たちの違いは？

サイズ	オットセイ ＜	アシカ ＜	オタリア ＜	トド
体毛	長い	短い	長い	短い
鼻先	とがっている	細くて長い	太くて短い	丸くて短い
耳たぶ	長い	長い	短い	短い

伊勢シーパラダイス

4頭を飼育。「大きなカラダですが、顔をよく見るとクリクリの目がかわいいです。水中で泳ぎながら人間観察をしていることもあります」
（館長：田村 龍太さん）

パフォーマンスのときに機嫌がよければ、観客のそばまで出てきます。顔を中心に撮ると、愛らしい表情が撮れます

DATA ➡ P178

展示場 -- トドプール広場

トド

小鉄

性別 オス
誕生 1998年6月22日
性格 気が小さくて力持ち

体重1tもある子だくさんのお父さん。例えば、P66-67の“テツマル”“なでしこ”は“小鉄”の子どもです。気は小さいですがやさしく力持ちで奥さんとも円満。アッカンベェと倒立が得意です

大分マリーンパレス水族館「うみたまご」

「トドは玄太郎家族6頭がいます。得意技は遠投エサキャッチなど。オットセイは、あそびーちで子育てている姿をご覧いただけます」
（飼育員：佐藤さん／冠城さん）

トドはパフォーマンスエリアの2階立ち見席からの撮影がおすすめ。岩の上にいるときに青空バックで下から撮るのもおすすめ

DATA ➡ P187

展示場 -- トド：パフォーマンスエリア／ミナミアメリカオットセイ：あそびーち

トド

玄太郎

性別 オス
誕生 2010年6月27日
性格 意外と小心者

周りの変化に敏感。数年前、初めて自分の赤ちゃんを見たときは警戒して1週間ほど陸に上がれず、ずっとプールの中にいました

2021年6月生まれ

プールで泳ぎ初めの頃は顔を水につけず、バタフライみたいな泳ぎをしてました。母親のごはんのシシャモで遊んでしまいます

ミナミアメリカオットセイ

ハロ

性別 オス
誕生 2021年6月17日
性格 お母さんが大好き

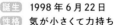

城崎マリンワールド

「トドのダイビングなども必見ですが、何もしていないときの素の表情が魅力的。寝てる姿、ボーッと浮いてる姿もいいですよ」
（飼育職：安本 春菜さん）

トドは、トドプールとアザラシプールの間の通路から撮りましょう。ときどき遊びに来るので、そのときがシャッターチャンスです

DATA ➡ P182

展示場 -- トド：チューブ「トドプール」／カリフォルニアアシカ：シーランドスタジアム

トド

シュンタ

性別　オス
誕生　2001年6月26日
性格　まじめでトレーニング熱心

プールで一番大きい個体です。ちょっと怒りっぽいのですが真面目にトレーニングに取り組みます。迫力のある大技が得意種目です

カリフォルニアアシカ

ナナマル

性別　オス
誕生　2018年6月21日
性格　好奇心旺盛

まだ小さいですが、フリスビーや桶かぶりなど、少しずつできるようになりました。まだ慣れていませんが温かい目で見守ってください

ミナミアメリカオットセイ

ラズ

性別　メス
来館　2012年2月2日
性格　マイペース

面倒見がよくお姉さん的な存在。ごはんの時間に隣に座ると、スタッフのほっぺにチュっとしてくることもあります。舌を出すポーズもかわいいです

京都水族館

6頭を飼育。「人と同じで食事に好き嫌いがあり、アジ派やシシャモ派に分かれます。魚の種類が偏らないよう工夫しています」
（展示飼育チーム：小島 早紀子さん）

水中から岩場に上がって来たときがチャンス。時間が経つと水で濡れた毛が乾きフワフワしてきます。2階から岩場を狙いましょう

DATA ➡ P182

展示場 --「オットセイ」エリア

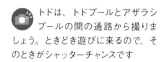

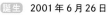

サンシャイン水族館

屋外エリアで４頭を展示しています。「初出産だったお母さんの“パコ”はスタッフが脱帽するほど、しっかり子育てをしています」
(飼育スタッフ:フォーサイス 有間さん)

パフォーマンスステージ付近は水槽内の全体が見え、プールで遊んでいる様子も撮影できます。親子で遊んでいる姿がおすすめです

DATA ➡ P170

展示場 -- マリンガーデン「アシカたちの砂浜」

色はかなり黒く、乾いているときはこげ茶色。お母さんが行くところに、どこでもついていきます。ホースが大好きで掃除をしていると楽しそうに遊びます

カリフォルニアアシカ

パコの子

性別　オス
誕生　2021年5月9日
性格　甘えん坊

「せ～の」で
決めポーズ

伊豆・三津シーパラダイス

２頭を展示しています。「頼もしい先輩メンバーと、ショーのデビューに向けて日々奮闘中の新米メンバーでがんばっています」
(飼育係：山田 健太朗さん)

ショースタジアムのできるだけ前方の席がおすすめ。パフォーマンス中に飼育員が言う「せーの」の声に合わせて顔のアップを

DATA ➡ P175

展示場 -- トド舎・ショースタジアム

飼育員の合図に合わせて
“テツマル”もがんばっています

トド

テツマル

性別　オス
誕生　2007年7月27日
性格　繊細

以前は、鳥、トレーナーの衣装、大雨、BGMなどが気になって、訓練にも苦労したものの、今は成長し、見事にショーをこなしています

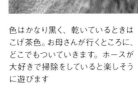

桂浜水族館

「キス魔のアシカや芸達者なトド、個性的なオットセイたちによって毎日がお祭り騒ぎです。３種の違いをよく観察してみてください」（ショーチーム：まるのんさん）

アシカは眠そうな表情、トドは無防備に日向ぼっこをしているところ、オットセイは横顔と、表情の違いを撮りましょう

DATA ➡ P185

展示場 -- カリフォルニアアシカ：アシカプール／トド：トドプール／ミナミアメリカオットセイ：オットセイプール

カリフォルニアアシカ

ケイタ

性別　オス
誕生　2012年6月13日
性格　物怖じしない

おそらく、日本で初めてアシカの水中ふれあいを実現させたとても賢いアシカ。エサやり体験の「ちょうだい」など、アピールも上手です

トド

なでしこ（左）／ニコ（右）

性別　メス
誕生　2011年7月1日／2014年6月30日
性格　気が強い天才肌／おてんば

２頭のケンカで“ニコ”はいつも負けます。でも、ちょっかいを出すのは“ニコ”。“なでしこ”はかなり手強いです

ミナミアメリカオットセイ

クオ

性別　メス
来園　2020年12月15日
性格　集中力が高い

水族館の90周年記念でやって来ました(だから９＝ク、０＝オ)。ヒゲが短く目がクリクリ。ドルフィンジャンプが得意です

蒲郡市竹島水族館

「オタリアは、小さい頃はショーの最中に遊びはじめて大変な時期もありましたが、今ではベテランになりコミカルなショーを披露してくれます」（飼育員：三田 圭一さん）

アシカ展示舎の前がおすすめ。やる気のある表情・ない表情、息づかいなどを近い距離で感じられて、撮影にもピッタリです

DATA ➡ P178

展示場 -- アシカ・オタリア・ミナミオットセイエリア

オタリア

ラブ

性別　メス
誕生　2010年1月
性格　館長が好き過ぎ

大きなカラダながら、ジャンプが得意。反省ポーズも大人気です。館長が大好きなので、飼育員が館長を“ラブ”の部屋に閉じ込めたことも

エイ

#隠れファン#多数#裏の顔?#脱力系

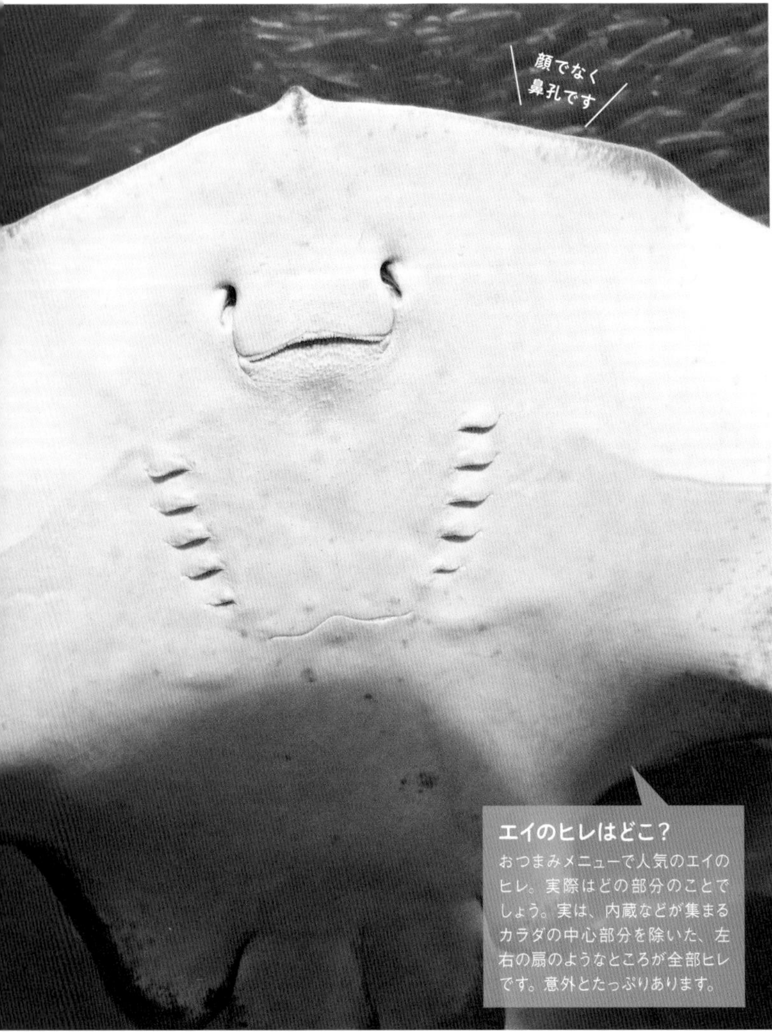

動画で
CHECK

エイのヒレはどこ?

おつまみメニューで人気のエイのヒレ。実際はどの部分のことでしょう。実は、内蔵などが集まるカラダの中心部分を除いた、左右の扇のようなところが全部ヒレです。意外とたっぷりあります。

水族館の大水槽を、何度も何度もフゥ〜ッと泳いでいく、白くて大きくて平べったいエイ。その姿はどこかユーモラスです。この、なんとなくゆるい!?姿に隠れファンも多いはず。日本の水族館では多くのエイを展示しており、ホシエイやトビエイなど種類も多彩。また、シノノメサカタザメなどのようにサメと名前についていても実はエイという種類もいます。

　さて、エイといえば顔のように見える白い面。こちらはお腹（裏側）で、目のように見えるのは鼻孔、つまり鼻の穴です。目は逆の面（表側）についています。水族館では大水槽でほかの魚と一緒に展示している場合が多く、どこも「裏の顔」をしっかりと楽しめる展示方法になっています。

Zoom

エイが泳いでいる大水槽は、ドラマや映画の撮影などでよく使われます。水槽が出てきたら、この縦の柱があるか要チェック

横浜・八景島シーパラダイス

大水槽にはホシエイ、アカエイ、マダラトビエイ、ツバクロエイがいます。「イワシの群れの中を悠々と泳いでいます。正面から、アクアチューブから、上からと、いろいろな角度から見られます」
(飼育員：森田 為善さん)

大水槽を泳ぐエイは、しばらく同じルートを泳ぐことが多いので、よいアングルを見つけて何度かチャレンジを。アップの写真は大迫力

DATA ➡ P172

展示場 -- アクアミュージアム

マダラ模様が美しい

水玉のまだら模様と長い尾が目を引く美しいエイです。歯は板状になっており、貝を砕いて食べます。口先はアヒルのクチバシにも似ており、尾はかなり長めで毒棘を持っています。

たまいさん

性別 メス
来館 2021年4月15日
性格 ちょっと臆病

2個体いて、大きい方が“たまいさん”、小さい方が“みずしまさん”です。給餌のときはサメに負けて食べられないので飼育員が手で直接与えています

ホシエイ
ANIMAL DATA

【学名】
Dasyatis brevicaudata
【分類】トビエイ目
アカエイ科 アカエイ属
【生息地】日本の本州北部
から北海道など
【好物】貝類、甲殻類など
【寿命】
飼育下で最大約20年
【サイズ】
体幅約1.8 m

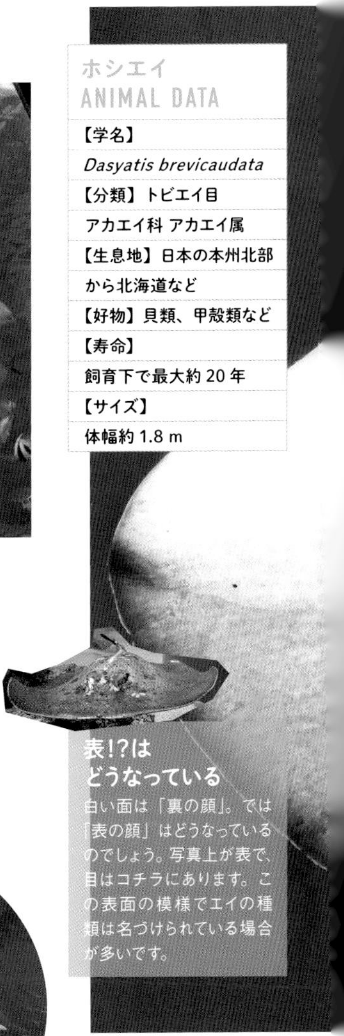

**表!?は
どうなっている**

白い面は「裏の顔」。では「表の顔」はどうなっているのでしょう。写真上が表で、目はコチラにあります。この表面の模様でエイの種類は名づけられている場合が多いです。

マダラトビエイ
ANIMAL DATA

【学名】*Aetobatus ocellatus*
【分類】トビエイ目
マダラトビエイ科 マダラトビエイ属
【生息地】インド洋、太平洋など
【好物】貝類、甲殻類など
【寿命】約15～25年
【サイズ】体幅約1.5 m

ホシエイ
重なるように泳いでくるのでアクリル面がエイだらけになってビックリ（大分マリーンパレス水族館「うみたまご」）

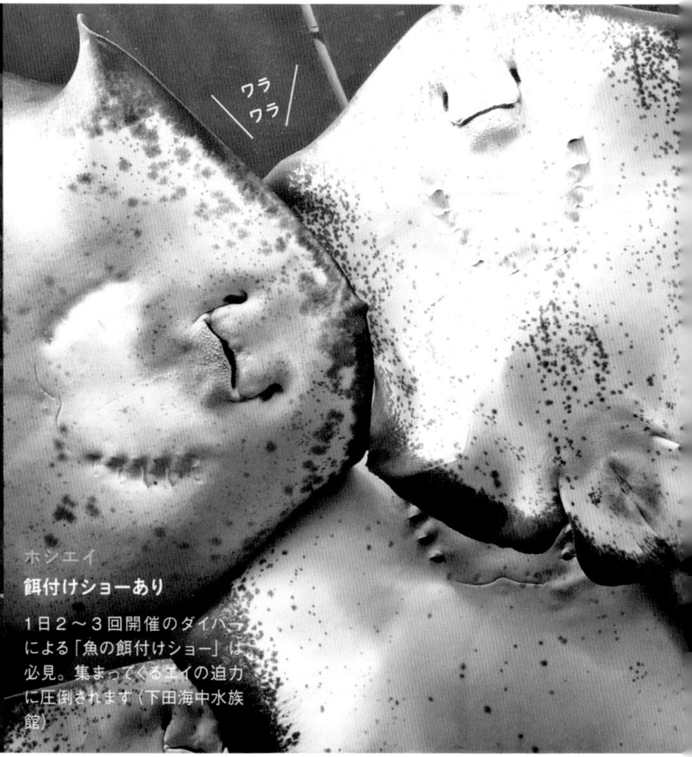

ホシエイ
餌付けショーあり
1日2〜3回開催のダイバーによる「魚の餌付けショー」は必見。集まってくるエイの迫力に圧倒されます（下田海中水族館）

大分マリーンパレス水族館「うみたまご」

「大きなカラダと口がかわいいです。潜水給餌のときはダイバーに襲いかかる勢いで、エサをもらいに来ます。とても食いしん坊なので、何度もエサをおねだりします」
（飼育員：鳥越 善太郎さん）

おさかな解説のときに、アクリル面に「裏の顔」を見せながらエサを食べる時間があります。このときが一番のシャッターチャンスです

DATA ➡ P187

展示場 -- 大回遊水槽

下田海中水族館

「総排出量1300tの船、アクアドームペリー号にある、ホシエイが泳ぐ大水槽は水量600tあり、伊豆の海をテーマにした魚たちが泳いでいます。体幅約1.5 mのホシエイ…大きいです」
（学芸員：中西 健さん）

水槽の正面から狙いましょう。餌付けショーのとき、ワラワラとガラス面に集まってきたときの「裏の顔」大集合のシーンをぜひ押さえてください

DATA ➡ P176

展示場 -- アクアドームペリー号「大水槽」

ヒョウ柄の乙女!?

「裏の顔」では判別がつきにくいですが「表の顔」(写真上)を見ると、ヒョウに似た輪状の紋がたくさんあり、ヒョウモンオトメエイという名前に。エイの中でも大型で、尾の棘には毒があります。

ヒョウモンオトメエイ
何ともいえない表情!?に癒されます
(鴨川シーワールド)

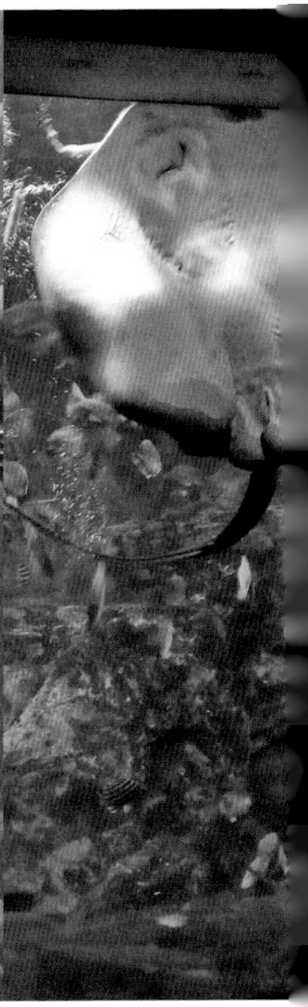

鴨川シーワールド

「トロピカルアイランドの大水槽・無限の海を泳いでいます。フィーディングタイムには、指し棒などを使って注目ポイントを解説しています。エサを食べるシーンが必見ですよ」
(魚類展示課:引馬 由恵さん)

フィーディングタイムが狙い目。エイの解説やエサやりのときがチャンスです。フィーディングタイムは1日1回なので時間をチェック

DATA ➡ P169

展示場 -- トロピカルアイランド

ヒョウモン
オトメエイ
ANIMAL DATA

【学名】
Himantura uarnak
【分類】トビエイ目
アカエイ科 オトメエイ属
【生息地】
太平洋西部、インド洋など
【好物】貝類など
【寿命】約15年
【サイズ】体幅約1.8 m

ホシエイとアカエイ

ホシエイはアカエイ科 アカエイ属で、アカエイ(写真下)の仲間です。アカエイは縁か黄色、ホシエイは黒く縁取られています。ホシエイの英名は「あばたのあるアカエイ」の意味です。

サメという名のエイ

サメという名前がついていますがエイの仲間。区別するポイントはエラ。サメはカラダの側面についていますが、エイは腹部にあります。左のトンガリサカタザメの写真、真ん中あたりの５つくらいある線がエラです。

シノノメサカタザメ
ANIMAL DATA

【学名】
Rhina ancylostoma
【分類】ノコギリエイ目
トンガリサカタザメ目
トンガリサカタザメ科
【生息地】
インド太平洋西部など
【好物】甲殻類、魚など
【寿命】不明
【サイズ】
全長最大 2.7 m
体重約 135kg

頭部に棘の列がある

「裏の顔」の怒ったような表情!? を見ればシノノメサカタザメだとすぐに分かります。逆に「表の顔」は写真下のような感じで、カラダの色はグレー、頭に棘の列を持っているのが大きな特徴です。

マクセル
アクアパーク品川

「トンガリサカタザメはとても食いしん坊で、ほかの魚のごはんまで食べてしまいます。しかも怖いもの知らずなので、ノコギリエイなどとケンカにならないか、いつもヒヤヒヤです」
（飼育スタッフ：山口 彩伽さん）

水槽上部を泳いでいるときはトンネル水槽の真下から、砂の上で休んでいるときは通路のアクリル面から。ユニークな「裏の顔」をメインに撮ってみましょう

DATA ➡ P171

展示場 -- ワンダーチューブ

シノノメサカタザメ
水槽は水中トンネルのスタイルで、下から見上げるとこのような感じに

形そのままのトンガリ
同じサカタザメでも頭部がとんがっているのがトンガリサカタザメと分かりやすい名称がついています。ちなみに、サカタザメの英名はギターフィッシュ（guitarfish）。確かにギターにも似ています。

名古屋港水族館

「サンゴ礁大水槽の中でもひと際大きく目立っています。食欲旺盛で、エサと一緒に間違ってフグを飲み込んでしまったといった、うっかりエピソードもあります」
（魚類担当飼育係：星野 昴大さん）

水槽の中を大きく回遊しているので、一番背景のいい場所を探して、エイが通るのを待ち構えているといい写真が撮れます。晴れた日の午前中は、光が水槽に差し込み幻想的です

DATA ➡ P177

展示場 -- 南館「赤道の海」サンゴ礁大水槽

トンガリサカタザメ ANIMAL DATA

【学名】
Rhynchobatus djiddensis
【分類】トンガリサカタザメ目
トンガリサカタザメ科
トンガリサカタザメ属
【生息地】
日本の南西諸島沿岸など
【好物】魚など
【寿命】不明
【サイズ】
全長最大 3.1 m
体重約 20 ～ 120kg

同じ水槽にいるので、２種の共演も見ることができます

サメ

#水族館のサメ#やさしい#仲間たち

メスだけで子を生む

水族館などで飼育されているトラフザメのメスが、オスの協力なしで子どもを産むことがあります。理由は解明されていませんが、オスがいない状況でも生き残るための手段ではないかといわれています。

動画でCHECK

アクアワールド茨城県大洗水族館の「世界のサメ」。トラフザメがほかのサメの上に乗っています

サメといえば、映画などの影響もあり怖いイメージがありますが、水族館で展示しているサメはおとなしく、穏やかな性格の種類がほとんどです。ここで紹介するのは4種ですが、サメには500以上の種類があることがわかっています。かわいい姿で人気も高いトラフザメや、顔は怖いですが実はおとなしいシロワニ、ハンマーシャークとして知られているアカシュモクザメなど、なかなか個性的です。

日本でサメを展示している水族館は多く、アクアワールド茨城県大洗水族館には約60種ものサメがいます。どこも水槽内でほかの魚が泳いでいますが、サメは普段から十分にエサをもらっており、ほかの魚を食べることはありません。

シロワニ
ANIMAL DATA

【学名】
Carcharias taurus
【分類】ネズミザメ目
オオワニザメ科 シロワニ属
【生息地】
全世界の温帯・熱帯
【好物】魚、甲殻類など
【寿命】約15年以上
【サイズ】
体長約2～3 m／
体重約90～160kg

サメなのに「ワニ」？
見た目はいかにもサメらしいサメですが名前は「ワニ」。これは日本ではサメのことを「ワニ」と呼ぶ地域があるためです（中国地方あたり）。サメにはもうひとつ「フカ」という呼び方もあります。

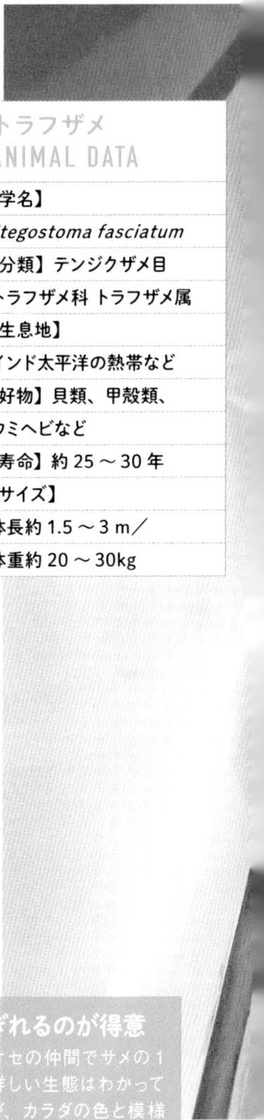

トラフザメ
ANIMAL DATA

【学名】
Stegostoma fasciatum
【分類】テンジクザメ目
トラフザメ科 トラフザメ属
【生息地】
インド太平洋の熱帯など
【好物】貝類、甲殻類、
ウミヘビなど
【寿命】約25～30年
【サイズ】
体長約1.5～3 m／
体重約20～30kg

Zoom

シロワニが泳ぐ水槽では、飼育員さんが営業時間中に囲いの中に入って水槽の掃除をします。なかなか緊張感があるシーンで必見です

アクアワールド 茨城県大洗水族館

サメの飼育種数60種以上は国内最多。「トラフザメは小さな目をまばたきするように動かします。シロワニは怖そうですが実はおとなしいサメです」
（魚類展示課：柴垣さん／徳永さん）

トラフザメは水槽の底で休んでいるところ、シロワニはガラス面近くに来たときに、どちらもアップで迫力ある写真を狙いましょう

DATA ➡ P168

展示場 --「サメの海」水槽／「世界のサメ」水槽

岩にまぎれるのが得意
これはオオセの仲間でサメの1種です。詳しい生態はわかっていませんが、カラダの色と模様は岩に擬態して姿を隠しています。まだら模様で、顔のあたりにトゲのような突起があります。

トラフザメがいる水槽でこんな場面に出会いました。
よく見ると岩の上にも、横にも擬態したサメがたくさんいます

トラフザメ
通路側を向いてリラックスしているときは口の中まで見られます

マクセル アクアパーク品川

「トラフザメは、泳ぎ方も食事も、ほかのサメにくらべて、のんびりゆったりしています。吸い込むようにしてエサを食べます」
（飼育スタッフ：萬 倫一さん）

横長の水槽なので、アングルに悩んだりすることなく、初心者でもトライしやすいはず。同じ水槽に熱帯魚もいるので一緒に撮るとカラフルです

DATA ➡ P171

展示場 -- リトルパラダイス

エパレットシャーク
ANIMAL DATA

【学名】
Hemiscyllium ocellatum
【分類】テンジクザメ目
テンジクザメ科
モンツキテンジクザメ属
【生息地】
太平洋南西部
【好物】甲殻類、小魚など
【寿命】不明
【サイズ】
全長最大 107cm ／
体重約 900g 以下

黒い丸は目ではない
別名・マモンツキテンジクザメといいます。胸ビレのうしろに、白い縁取り付きのかなり大きな黒い丸紋があり、一瞬、目かと思いますが、ただの模様です。全長1mほどの小さなサメです

海遊館

「国内の水族館ではトップクラスの大きさです。水面まで来て、飼育員が示したターゲットをタッチし、そのままターゲットを追尾するというトレーニングを行っています」
（飼育員：喜屋武 樹さん）

光があたる場所を通過するのを横から撮影すると光沢や大きさが際立ちます。下から撮ると、頭の形がよくわかる写真が撮れます

DATA ➡ P181

展示場 --「太平洋」水槽

アカシュモクザメ ANIMAL DATA

【学名】
Sphyrna lewini
【分類】メジロザメ目
シュモクザメ科 シュモクザメ属
【生息地】全世界の熱帯・温帯
【好物】魚、甲殻類など
【寿命】約 30 年以上
【サイズ】体長約 3 ～ 4 m／
体重約 30 ～ 120kg

探知機の役目をする頭
シュモク（撞木）とは、鐘などをたたくT字型の道具のこと。頭部の形から、この名前がついています。頭の裏にはエサを探すことができる探知機のような器官があり、砂に隠れたエサを探し出すのに役立っています。

シロワニ
1頭は少し短気で1頭はいつもおっとり。2001年から展示しています

しながわ水族館

2頭のメスが悠然と泳いでいます。「給餌を行う日をSNSで事前告知したり、館内放送することもあります。エサを食べる姿は必見」
（魚類担当：瀬川 裕啓さん）

半円形の水槽なので観察にはいいのいですが、撮影には映り込みが多い場所です。少し斜めからなど映り込みが少ない角度を探しましょう

DATA ➡ P171

展示場 -- シャークホール

クラゲ

#水中#ただ漂う#不思議#癒し系

動画で
CHECK

昔は「お盆過ぎに海へ入るとクラゲに刺されるよ」などといわれネガティブなイメージしかなかったクラゲですが、近年、水族館で人気者の仲間入りをしています。

注目され始めたのは、新江ノ島水族館にクラゲファンタジーホールが登場した２０００年代前半。その神秘的な展示に注目が集まり、ほかの水族館でもクラゲ展示が増えていきました。そして決定的だったのが、鶴岡市立加茂水族館の「クラゲの水族館」としてのリニューアル。２０１４年に誕生したクラゲドリームシアター（写真上）は、水族館のクラゲ展示に革命を起こしたといっても過言ではないでしょう。今も、さまざまなスタイルで、多くの水族館がクラゲを魅せる工夫をしています。

カラダの中心部が赤いのでベニクラゲという名前がつきました

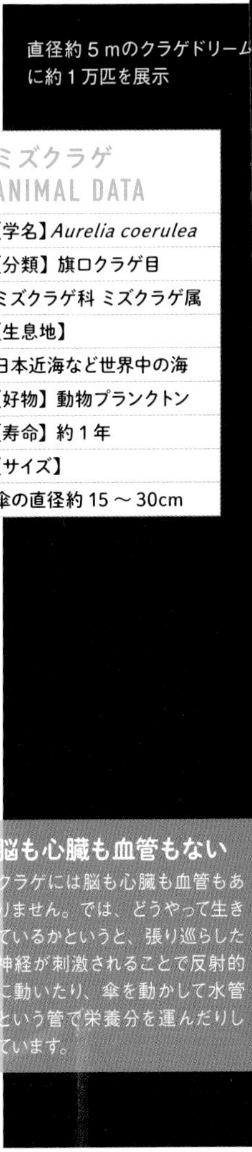
直径約5mのクラゲドリームに約1万匹を展示

ベニクラゲ ANIMAL DATA

【学名】*Turritopsis sp*
【分類】花クラゲ目
ベニクラゲモドキ科 ベニクラゲ属
【生息地】世界中の温帯・
熱帯の海域
【好物】動物プランクトン
【寿命】不老不死
【サイズ】直径約4～10cm

ポリプに若返るとは?

クラゲはポリプという小さなイソギンチャクのような姿の時期があり、ここから繁殖していきます。ベニクラゲは寿命が尽きると一度死んだようになってから、ポリプに返りまた成長していきます。これぞ若返り!?

ミズクラゲ ANIMAL DATA

【学名】*Aurelia coerulea*
【分類】旗口クラゲ目
ミズクラゲ科 ミズクラゲ属
【生息地】
日本近海など世界中の海
【好物】動物プランクトン
【寿命】約1年
【サイズ】
傘の直径約15～30cm

カラージェリーフィッシュ ANIMAL DATA

【学名】
Catostylus mosaicus
【分類】根口クラゲ目
ビゼンクラゲ科
カトスティラス属
【生息地】東アジアなど
【好物】動物プランクトン
【寿命】約半年
【サイズ】
傘の直径約30cm以下

脳も心臓も血管もない

クラゲには脳も心臓も血管もありません。では、どうやって生きているかというと、張り巡らした神経が刺激されることで反射的に動いたり、傘を動かして水管という管で栄養分を運んだりしています。

鶴岡市立
加茂水族館

クラゲ展示種数は世界一。「ミズクラゲはクラゲバーで成長段階も見られます。中心部の赤いベニクラゲが触手を広げてフワ～と漂う姿はいつまでも見ていられます」(飼育員:池田さん/佐藤さん)

ミズクラゲは引きカットを、ベニクラゲは集合しているところをマクロレンズで撮るとベター。カラージェリーフィッシュは、モコモコとした口腕から撮るとおもしろいです

DATA ➡ P167

展示場--
クラゲ展示室「クラネタリウム」

さまざまな色がある

クラゲは英語でジェリーフィッシュ。つまりカラージェリーフィッシュは色のあるクラゲという意味。その名のとおり、青、赤、黒、白などさまざまな色があり、水槽で見ると華やかです。

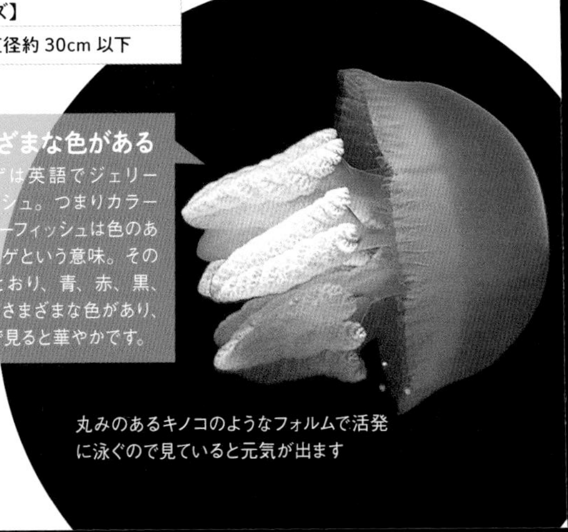
丸みのあるキノコのようなフォルムで活発に泳ぐので見ていると元気が出ます

赤い傘と長い触手は、まるで絵の具を水の中に落としたようです

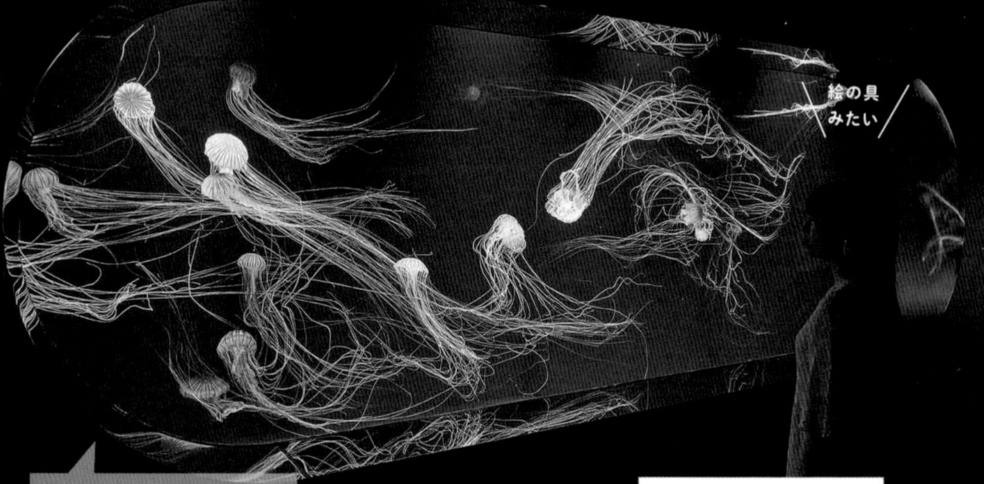

クラゲはどこで刺す

センサーの役目をする針に刺激が加わると刺糸とよばれる糸と針が対象に向かって飛んでいきます。そして、糸を伝って毒が注入されていくのです。ただし、刺すクラゲと刺さないクラゲがいます。

アカクラゲ ANIMAL DATA
【学名】*Chrysaora pacifica*
【分類】旗口クラゲ目
オキクラゲ科 ヤナギクラゲ属
【生息地】日本近海など
【好物】動物プランクトン
【寿命】約7カ月
【サイズ】
傘の直径約9～15cm

サンシャイン水族館

「癒しのBGMやアロマの香りを使って空間演出を行っています。水槽の中でクラゲを均等に偏りなく漂わせるのは意外と難しく、水槽全体の水流を微調整します」(飼育スタッフ：先山 広輝さん)

クラゲトンネルやクラゲパノラマ（写真右）などで、下からあおり気味に撮影しましょう。クラゲが海の中で無限に漂っているようで、幻想的なシーンが撮れます

DATA ➡ P170

展示場 -- 大海の海「海月《くらげ》空感《くうかん》」

カラージェリーフィッシュ

円柱水槽をカラージェリーフィッシュが上下に漂っていて幻想的な雰囲気

ミズクラゲ

ダイナミックなクラゲパノラマ。クラゲの水槽としては横幅が日本最大級

※展示生物は変更する可能性があります

すみだ水族館

「約14種700匹のクラゲはすべて当館生まれ。6階でクラゲを見て興味がわいたら、5階のラボにいる飼育スタッフに質問してください。ラボではその日生まれたばかりの赤ちゃんクラゲも見られます」
（飼育スタッフ：久恒 志穂美さん）

ビッグシャーレはアクリル面がないので直接クラゲが撮れます。個性的な形の水槽が多いので、水槽全体を撮るのもおすすめです

DATA ➡ P170

展示場 -- クラゲエリア

ミズクラゲ
足元に水槽が広がるビッグシャーレで展示。下を泳いでいるミズクラゲは白系の半透明のカラダなので照明映えします

クラゲの飼育の様子などを公開しているラボ「アクアベース」

傘下にモコモコの口腕
クラゲの傘の下にある足のような部分を口腕（こうわん）といいます。足ではなく腕です。根口クラゲ目のクラゲ（カラージェリーフィッシュなど）は口腕がモコモコしており、口腕部分には甲殻類が共生することもあります。

新江ノ島水族館

「エサをよく食べます。あげすぎると水槽の配管がつまるので、いったんクラゲを出して掃除する落水掃除を頻繁に行っています」
（飼育員：櫻井 徹さん）

クラゲ単体よりもクラゲファンタジーホール全体を撮るのがおすすめ。ズームの場合は画面全体にクラゲがたくさん入るように撮影を

DATA ➡ P173

展示場 -- クラゲファンタジーホール

リクノリーザ・ルサーナ
ANIMAL DATA

【学名】*Lychnorhiza lucerna*
【分類】根口クラゲ目
リクノリーザ科 リクノリーザ属
【生息地】
南アメリカ大西洋沿岸など
【好物】動物プランクトン
【寿命】数カ月
【サイズ】傘の直径約20cm

口腕を動かしながら浮遊する姿がなんともかわいいクラゲです

クラゲを水族館の人気者にしたパイオニア的存在の展示です

おなじみの魚たち

#食卓で#映画で#身近#知ってる

動画でCHECK

なぜ群れをつくる？

イワシは、捕食者がいる自然界では、簡単に食べられないように群れをつくります。水族館で群れをつくるためには、サメなどの捕食者を同じ水槽に入れることが必要不可欠。捕食者がいない環境では、バラバラに泳ぎます。

マイワシ
ANIMAL DATA

【学名】*Sardinops melanostictus*
【分類】
ニシン目 ニシン科 マイワシ
【生息地】
東アジア沿岸域など
【好物】プランクトンなど
【寿命】約５～６年
【サイズ】体長約 20 ～ 30cm

横浜・八景島シーパラダイス

１日数回実施するスーパーイワシイリュージョンは約５万尾のイワシが音楽に合わせて舞い踊ります。「1尾1尾は小さくてあまり目立たないですが、大きな群れで泳ぐ姿は大迫力です」（飼育員：山根 茉夕さん）

水槽全体が写る場所からがおすすめ。スーパーイワシイリュージョン開催時は群れの動きが分かりやすいです

DATA ➡ P172

展示場 -- アクアミュージアム
「大海原に生きる群れと輝きの魚たち」

スーパーイワシイリュージョン以外の時間もイワシは群れで動きます

普段は「おいしそう」などと思ってしまう、食卓に並ぶ魚たち。そんな見慣れた魚が展示されているのも、水族館の魅力のひとつではないでしょうか。

幻想的なパフォーマンスが有名になったマイワシや、群れで泳ぐ姿が迫力満点のクロマグロ、水族館にもいるの!? と思ってしまうシラス、そして北海道に専門の水族館まであるサケと、バラエティに富んだラインナップは、どの魚も貴重で意味のある展示ばかり。さらに、アニメーション映画でよく知られるカラフルでかわいいカクレクマノミも、多くの水族館に展示されていて人気です。

そんな、なじみの深い魚たちの生態や成長過程を観察できるのも、やはり水族館ならでは。

名古屋港水族館

「ロープの先にエサとおもりを下げて水槽に入れると、そこから少しずつエサが出ます。マイワシがこれを狙ってトルネードになります」（担当飼育係）

水槽から少し離れて群れ全体を撮影するか、近づいてやや斜めから狙うと、迫力あるマイワシのトルネードシーンが撮れます

DATA ➡ P177

展示場 -- 南館「日本の海」

約3万5000尾のマイワシのトルネードは1日に3〜4回実施しています

登別マリンパーク ニクス

「約1万尾のマイワシのキラキラした姿が銀河の星々を連想させる銀河水槽で、1日2回実施するエサやりパフォーマンスが必見です」（学芸員：吉中 敦史さん）

パフォーマンスの時間は群れがダイナミックに動きます。季節ごとに違う演出を行っているので、いろいろなパターンを撮ってみてください

DATA ➡ P165

展示場 -- 銀河水槽

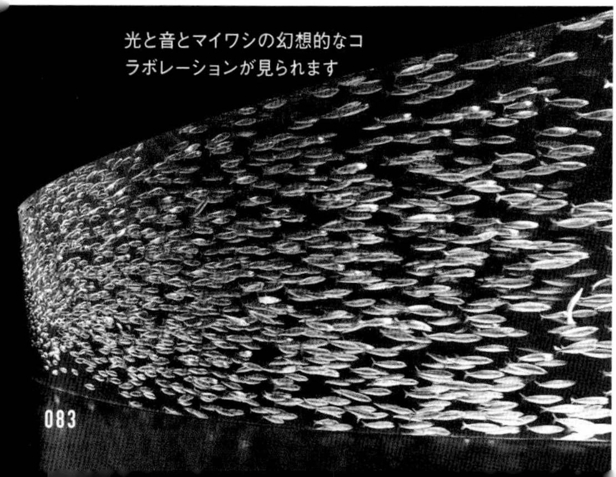

光と音とマイワシの幻想的なコラボレーションが見られます

東京都
葛西臨海水族園

「今まで展示したクロマグロで最大の個体は全長194㎝、体重158kgでした。現在、水槽にいるクロマグロで一番大きな個体を探してみてください」
（教育普及係：市川 啓介さん）

クロマグロは泳ぎが速いです。接近しての撮影はかなり難しいので、遠くから水槽全体を撮影するほうがおすすめです

DATA ➡ P169

展示場 -- 世界の海エリア
「大洋の航海者 マグロ」水槽

ずっと泳ぎ続けてる？

クロマグロは本気を出すと時速約80kmで泳ぎ、止まりません。夜でも眠らず（少し速度を落とすくらいです）、ずっと泳いでいます。泳ぐことで呼吸をしているので、まさに生きるための泳ぎといえます。

クロマグロ ANIMAL DATA

【学名】*Thunnus orientalis*	
【分類】スズキ目 サバ科 マグロ属	
【生息地】北半球の太平洋	
【好物】魚、イカなど	
【寿命】約20年以上	
【サイズ】体長約3m／体重約400kg以上	

アップで見ると、その大きさにビックリ。1m以上はあります

シラスは仔魚《しぎょ》の総称

食卓でおなじみのシラスですが、これはカタクチイワシなどの、色素がない仔魚（稚魚の前の発達段階の名称）の総称です。新江ノ島水族館に展示しているのはカタクチイワシの仔魚で、右のDATAはカタクチイワシのものです。

シラス（カタクチイワシの仔魚） ANIMAL DATA

【学名】*Engraulis japonicus*	
【分類】ニシン目 カタクチイワシ科 カタクチイワシ属	
【生息地】太平洋西部など	
【好物】動物プランクトン	
【寿命】7～8カ月で成魚になる	
【サイズ】体長約3mm～3cm	

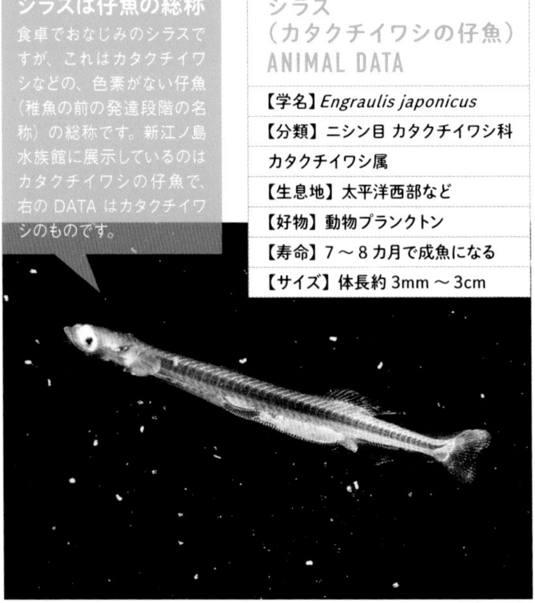

新江ノ島水族館

湘南の水族館として念願の展示。「透明なので食べているものが見えます。日により成長過程が違うのでいろいろな姿が観察できます」
（飼育員：大内 豊さん）

シラスは小さくて透明なので、写真よりも動画がおすすめ。群れで泳いでいる姿はとてもキレイです

DATA ➡ P173

展示場 -- 相模湾ゾーン
「シラスサイエンス」

サケのふるさと 千歳水族館

「実際の川の中の様子を水槽スタイルで見られます。卵や赤ちゃん、稚魚から成魚まで、季節ごとの成長段階を展示しています」
(館長：菊池 基弘さん)

展示水槽もいいですが、実際の川の中を遡上する大群を水中観察ゾーンから狙いましょう。赤ちゃんのふ化する瞬間が見られる時期も

DATA ➡ P164

展示場 -- サーモンゾーン／水中観察ゾーン

サケの一生とは?

川で生まれ、やがて稚魚に成長すると海へ泳ぎ出します。アメリカやカナダ近くの海まで行って大きくなり、3～4年後、卵を産むために、また生まれた川に戻ってきます。産卵が終わると、一生も終わります。

サケ（シロザケ） ANIMAL DATA

【学名】*Oncorhynchus keta*
【分類】サケ目 サケ科 サケ属
【生息地】北太平洋など
【好物】動物プランクトン
【寿命】約3～5年
【サイズ】体長約60～70cm／体重約3～4kg

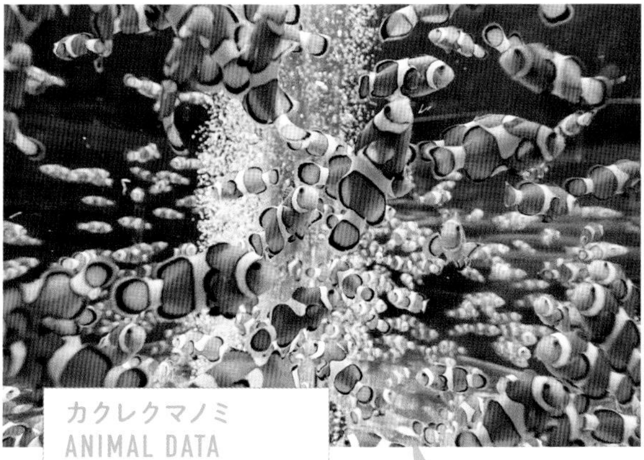

カクレクマノミ ANIMAL DATA

【学名】*Amphiprion ocellaris*
【分類】スズキ目 スズメダイ科 クマノミ属
【生息地】インド太平洋など
【好物】プランクトンなど
【寿命】野生下で約10年、飼育下で約15～20年
【サイズ】体長約10～15cm

ニモはオス？ メス？

ふ化したあと、群れで一番大きい個体がメスに、2番目に大きい個体がオスになり、そのほかは未成熟個体のまま。つまり、オスかメスが決まっているのは2個体のみ。ほかはどちらでもないのです。

鴨川シーワールド

「すべて当館で繁殖した個体です。人間に慣れていて、飼育員の姿を見つけると、集まってくる姿がかわいらしいです」
(魚類展示課：引馬 由恵さん)

近寄って画面いっぱいに群れを撮ると鮮やかで美しい一枚に。飼育員がエサをあげると集まってくるのでその時間もチャンスです

DATA ➡ P169

展示場 -- トロピカルアイランド

Column 1

人気上昇のきっかけは美ら海
水族館の歴史

世界初・日本初から、現在の人気施設まで。
“水族館王国”といわれる
日本の水族館の歴史をたどります。

沖縄美ら海水族館のジンベエザメ“ジンタ”
写真協力：国営沖縄記念公園（海洋博公園）・沖縄美ら海水族館

ガラスの水槽を使用して一般公開した世界最初の水族館は、1853年開園のロンドン動物園の付属施設「フィッシュ・ハウス」といわれています（諸説あり）。その後、動物園の付属施設としてのほか、単独の水族館もいくつか誕生しました。

日本も世界と同様に、明治15（1882）年に開園した上野動物園併設の「観魚室（うおのぞき）」が水族館の最初とされています。その後、明治30（1897）年の博覧会で設置された遊園地に水族館が併設され、ここで初めて「水族館」という名称が使われたようです。この施設は“水族館の父”と呼ばれる飯島魁《いいじまいさお》氏の設計による本格的な海水水族館でした。その後、浅草や大阪などに水族館が登場し、大正2（1913）年、現存する水族館では最古となる魚津水族館（富山県）が誕生。昭和初期には、現在の伊豆・三津シーパラダイス（静岡県）で初めてバンドウイルカを展示、昭和30年代には現在の新江ノ島水族館（神奈川県）でイルカショーが始まりました。平成になると、葛西臨海水族園（東京都）、海遊館（大阪府）、名古屋港水族館（愛知県）、横浜・八景島シーパラダイス（神奈川県）と、今も人気の水族館が次々と開業していきます。

そんな日本の水族館の人気を急上昇させたのが、平成14（2002）年開業の沖縄美ら海水族館です（「国営沖縄記念公園水族館」から名称を変えグランドオープン）。当時世界一だった大水槽にジンベエザメが悠々と泳ぐ様子は一気に話題となりました。その後も、日本の水族館はさまざまなアイデアで発展を続けています。例えば、クラゲに特化した鶴岡市立加茂水族館（山形県）や、深海生物ばかりを展示する沼津港深海水族館（静岡県）など。また、水族館プロデューサーによる画期的な展示スタイルの実施で、新江ノ島水族館（神奈川県）、マリンワールド海の中道（福岡県）、サンシャイン水族館（東京都）などがリニューアル。どこも人気は回復し、いまやおでかけスポットの定番となるなど、名実ともに日本は“水族館王国”になったといえます。

(PART 3)

#珍しい#希少#見る価値あり

日本でも限られた施設でしか飼育されていない、
実は希少な生きものたち。
そんな生きものの貴重で
珍しい姿を見てみましょう。

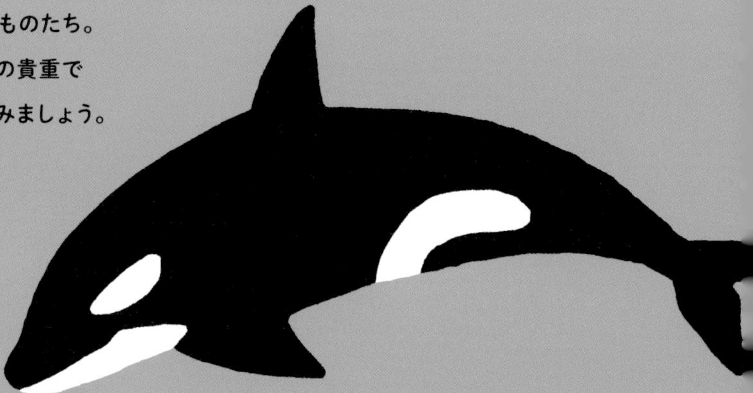

シャチ ➡ P088
ジュゴンとマナティー ➡ P094
スナメリ ➡ P100
マンタとイトマキエイ ➡ P106
日本では珍しい生きもの ➡ P110
イロワケイルカ ➡ P114

シャチ

#海の王者#大きい#迫力満点#頭いい

50本ある歯は食べるときは使わない

歯は上下合わせて50本ほどあり、形は円錐でとがっています。歯はエサを捕まえるために使い、食べるときの咀嚼では使いません。そして、サメのように生え変わることはありません。

動画でCHECK

シャチは「海の王者」といわれ、パワフルなのはもちろんですが、賢くやさしく、家族の絆も深い魅力的な生きものです。日本の水族館で見られるのは2施設だけで、全部で7頭のシャチが暮らしています。しかも、7頭はすべて血がつながったファミリーです。シャチは母系家族で、母を中心に群れを形成します。鴨川シーワールドの家族は三姉妹と娘で、その典型的な構成になっています。

水族館でシャチを見ると、その大きさに驚きます。最大で体長10m近くにもなるといわれ、2施設にいるシャチも約4～6mくらいはあります。また、パフォーマンスやトレーニングでの、トレーナーとのやりとりを見ていると、その知能の高さにも驚かされます。

鴨川シーワールド「シャチパフォーマンス」のジャンプ

白黒模様は海に溶け込んだ保護色

模様が白黒なのには理由があります。海面は、空から見ると黒く、海中から見ると太陽光で白く見えます。つまり保護色効果で海に溶け込むための白黒模様なのです。

目のそばにあるのはアイパッチ

目のそばの白い大きな模様。これをアイパッチといいます。この形や、かすれ具合などで個体を見分けることも可能。性別の見分け方は、背ビレがカマ形ならメス、二等辺三角形ならオスです

ANIMAL DATA

【学名】
Orcinus orca
【分類】
鯨偶蹄目 ハクジラ亜目
マイルカ科 シャチ属
【生息地】世界中の海
【好物】
海を回遊していれば
アザラシなど、
湾の中では魚など
【寿命】約 30 ～ 50 年
【サイズ】
体長最大約 9m ／
体重最大10t

ララ
です
ラビー
です
ラン
です
ルーナ
だよ

ルーナ（右写真奥）

性別　メス
誕生　2012年7月19日
性格　遊ぶのが大好き

“ラビー”の娘で4頭のなかで一番小さいシャチです。教わったジャンプを遊びのなかで繰り返したり、ひとつのことに熱心に取り組むタイプです

親子で
ジャ〜ンプ

シャチパフォーマンスは迫力満点

ジャンプやトレーナーとの共演など見どころ満載のシャチパフォーマンス。トレーナーとの水中パフォーマンスは日本唯一です

ラビー

性別　メス
誕生　1998年1月11日
性格　しっかり者のリーダー

“ラビー”“ララ”“ラン”三姉妹の長女でリーダー的な存在。不慣れな新人トレーナーには手加減をするなど、ラビーがトレーナーを成長させています

鴨川シーワールド

「日本の水族館にいるシャチ７頭のうちの４頭がいます。シャチとトレーナーによる水中でのパフォーマンスは世界的にも希少。獰猛なイメージとは裏腹に、とても賢くて、やさしい生きものです」
（海獣展示一課：小松 加苗さん）

パフォーマンス中なら、水しぶきが少ない最上段が撮影には最適。臨場感あふれる写真を狙うなら防水対策をして前列から！

DATA ➡ P169

展示場 -- オーシャンスタジアム

ララ（写真上）

性別　メス
誕生　2001年2月8日
性格　素直でおてんば

三姉妹の次女。面倒見がよく、“ルーナ”が生まれたときには、母の“ラビー”ではなく“ララ”が寄り添って泳いでいる姿がよく見られました

ラン（写真下）

性別　メス
誕生　2006年2月25日
性格　一生懸命で天真爛漫

三姉妹の三女。突然どこかに行ってしまうなど、ほかのシャチとは違う、予測のできない行動に出て、トレーナーを驚かせています

公開トレーニングあり

トレーニングの様子を一般公開しています。ジャンプなども行うので見応え十分。また、トレーニング時間外に練習風景が見られることがあるので要チェックです

3頭のなかで一番大きいアース。顔が丸いのも特徴です

アース

性別 オス

誕生 2008年10月13日

性格 温厚でやさしい

のんびり屋で、周りに環境の変化があっても「何かあった?」という感じで、動じません。落ち着いて淡々とトレーニングをこなす大物です

Zoom

右下のアゴに黒いほくろのような模様があります。これは、リンにしかない模様。このようなところでも個体の区別ができます

名古屋港水族館

3頭のシャチを展示しています。「氷をもらったり、なでてもらうことが大好き。おねだりするときは、尾びれで水面をたたいたり、水を吹いたり、鳴いたり、いろいろな方法でアピールしてきます」
（担当飼育係：福本 洋平さん）

開館直後や閉館間際に、水中窓に近寄ってきたらシャッターチャンスです。公開トレーニング時は3階からジャンプする姿を狙いましょう

DATA ➡ P177

展示場 -- 北館「シャチプール」

リンは泡を吹いたりするほか、高さのある連続ジャンプが得意。カラダ全体が宙に舞い上がります

リン

性別　メス
誕生　2012年11月13日
性格　楽しいことが好き♪

カラダをなでてもらうのが大好き。さわってもらいたいときは、飼育係を見つけて目の前でゴロンと横たわり、アピールします

ステラ

性別　メス
来館　2011年12月15日
性格　愛情深いお母さん

リンのお母さんでアースのおばあちゃん。新人飼育係など見慣れない人には納得するまで子どもを近づけないなど、愛情の深さを感じます

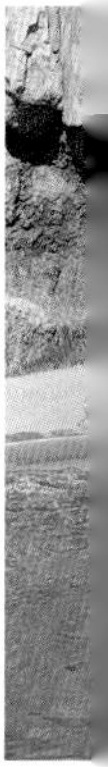

ジュゴンとマナティー

#人魚伝説#丸っこい#違い#どこ？

動画で
CHECK

**気になる丸は鼻の穴！
水上で内側に開く**

正面にある２つの丸。これは、鼻です。水中にいるときは写真のように閉じているのですが、呼吸をするため水面に出るときは開きます。ときどき、くしゃみもするそうです。

鳥羽水族館のジュゴン“セレナ”

ジュゴン ANIMAL DATA
【学名】*Dugong dugon*
【分類】カイギュウ目 ジュゴン科 ジュゴン属
【生息地】インド洋、西太平洋、紅海
【好物】海草
【寿命】約 60 ～70 年
【サイズ】体長約 3 m／体重約 450kg

希少な海獣の代表ともいえるのがジュゴンとマナティーです。ジュゴンとマナティーの違いを見分けるのはなかなか難しいのですが、尾ビレや口などに注目すると見分けることができます（下表参照）。

さて、ジュゴンとマナティーにはどちらにも人魚と見間違えられたという伝説があります。ジュゴンはポルトガルの海賊が、マナティーはコロンブスの航海日誌に記述があった、など逸話がいろいろありますが、それだけ当時誰も見たことがない神秘的な生きものだったことがうかがえます。

日本の水族館でこの2種両方を見られるのが鳥羽水族館。特に、ジュゴンはここでしか見られません。マナティーは全種類を日本の水族館で見ることができます。

写真提供：鳥羽水族館

鳥羽水族館のアフリカマナティー“みらい”

マナティーは３種！日本ですべて見られます

マナティーは生息地により３種に分けられます。アフリカマナティー、アマゾンマナティー、アメリカマナティーの３種で、なんと日本の水族館で３種すべてを見ることができます。詳しくはP98で確認を。

マナティー ANIMAL DATA

【学名】種類によって異なる
【分類】
カイギュウ目 マナティー科
マナティー属
【生息地】アフリカ大陸、
アメリカ大陸など
【好物】水草など
【寿命】
野生で約40年、
飼育下で約60～70年
【サイズ】
体長約2.5～4 m／
体重約300～1500kg

マナティー	見分けポイント	ジュゴン
丸いうちわ形	尾ビレ	三角形
長い	胸ビレ	短い
水面の草を食べるため やや斜め下向き	口	海底の草を食べるため 下向き

正面から見たアングルがベストショット。胸ビレは短いです

Zoom

海底にあるアマモなどの海草を1日約30kg食べます。口が下向きについているため、水族館ではカゴで沈めたり、板に植え付けたりしています

ジュゴン

セレナ

性別　メス
来館　1987年4月15日
性格　好奇心旺盛な甘えん坊

人間のことが大好き。水面に浮いた海草を仰向けで泳いで口だけ動かして食べるという技を持っています。ちょっと飽きっぽい面も

横から見た全身です。白っぽいので
シロイルカやスナメリとも似ています

「人魚の海」の大きな水槽に小さな魚たちと一緒に暮らしています

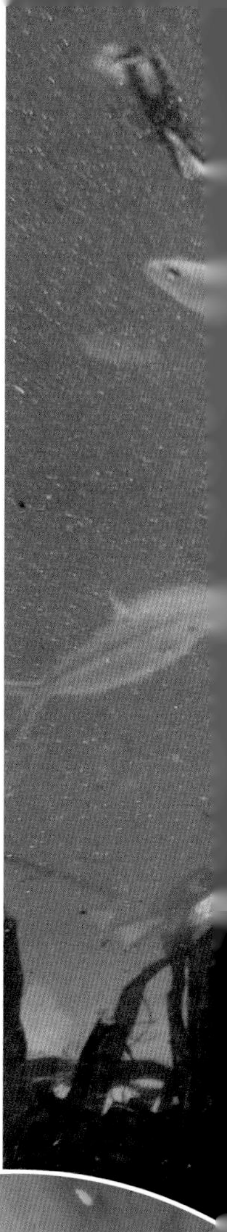

鳥羽水族館

「ジュゴンは日本で“セレナ”1頭。大きなカラダですが、目が小さくてかわいい顔をしています。口のまわりには多数のヒゲがあり、カラダにも毛がはえています」
（飼育研究部：半田 由佳理さん）

開館直後が水槽の水がきれいでおすすめ。ぜひ正面から見た顔のアップを。食事をしているところも狙い目です

DATA ➡ P179

展示場 -- 人魚の海

写真提供：鳥羽水族館

アフリカマナティー
かなた

性別　オス
来館　1996年6月13日
性格　神経質

西アフリカのギニアビサウという国からやって来ました。遠い地から来たということで、この名前になりました。よく仰向けで寝ています

鳥羽水族館

「アフリカマナティーは、日本では鳥羽水族館にしかいません。“かなた”が“みらい”に遠慮して食が細くなっているので、週２回は潜水してエサをあげています」
（飼育研究部：三谷 伸也さん）

水槽のガラス越しになりますが、エサを食べているときは顔が見えるのでチャンス。“かなた”は寝ている姿もかわいいのでおすすめです

DATA ➡ P179

展示場 -- ジャングルワールド

写真提供：鳥羽水族館

Zoom

アフリカマナティーはアメリカマナティーより少し小さめですが見た目はほとんど変わりません。西アフリカの河川や湖に生息しています

かなりやんちゃな性格で、水中のエア配管をことごとく割ってしまいます。“かなた”より太っています

アフリカマナティー
みらい

性別　メス
来館　2010年11月1日
性格　おてんば

熱川バナナワニ園

「アマゾンマナティーは日本で当園だけの展示です。1日2回の食事は旬の野菜です。口元のヒゲで好きな野菜を見つけ好きなものから食べるグルメな面があります」
（動物管理責任者：横山 宏明さん）

水槽のガラス面越しの撮影になりますが、食事の際や呼吸をするために数分に1回水面に上がってくるので、その瞬間がチャンス

DATA → P176

展示場 -- 本園

アマゾンマナティー

じゅんと

性別 オス
来館 1969年4月12日
性格 とっても穏やかで温厚

大きなカラダですが、目は小さく、耳も楊枝の先ほどの大きさです。女性や子どもが大好きで、水槽を覗くと目の前にやって来ます

Zoom

アマゾンマナティーには、カラダに白い模様があるのが大きな特徴。南アメリカのアマゾン川流域のキレイな水域に生息しています

アメリカマナティー

ニール／ベルグ

性別 メス／オス
誕生 1992年／1989年
性格 穏やか／いたずら好き

“ベルグ”は食いしん坊で“ニール”のごはんを横取りすることもあります。消灯後にのぞくと、水槽のアクリル板にくっついて甘えてくることも

Zoom

アメリカマナティーは3種のマナティーの中で一番大きく、水温が高い場所を求めて移動します。淡水で生活することもできるようです

新屋島水族館

「のんびりとした生きものです。寝ている姿、食べている様子、脇を掻いているときなど、いろんな仕草を観察してみてください」
（飼育員：三浦 宏祐さん）

基本的に動きがゆっくりなので撮影しやすい。呼吸のため、水面近くに上がってきたときが一番のチャンスです

DATA → P184

展示場 -- マナティー水槽

スナメリ

#日本に#6カ所#クジラの仲間

口元が丸いのが特徴
シロイルカやバンドウイルカとの大きな違いは口元です。イルカにはクチバシがありますが、スナメリにはクチバシがありません。つまり、口のあたりがツルンと丸くなっていればスナメリです。
クジラの仲間です

動画で
CHECK

スナメリという、うすいグレーのかわいい海の生きものをご存じでしょうか。背ビレやクチバシをもたない、全体的にツルンとしたクジラの仲間です。

日本の水族館では希少な部類で、現在6カ所でしか会えません。元々、岸近くの海でしか見られないことが多く、日本では瀬戸内海のように「スナメリが暮らせる海に」という環境再生の目標にされることもある生きものです。

展示はスナメリ単独で水槽を泳いでいることが多いですが、仙台うみの杜水族館のように、サメやエイと一緒に展示しているスタイルもあります。また、シロイルカと同じくバブルリングが得意で、水槽やパフォーマンスなどで見せてくれる水族館もあります。

スナメリ・バンドウイルカ・シロイルカの比較

ポイントは口元と背ビレ

スナメリ

バンドウイルカ

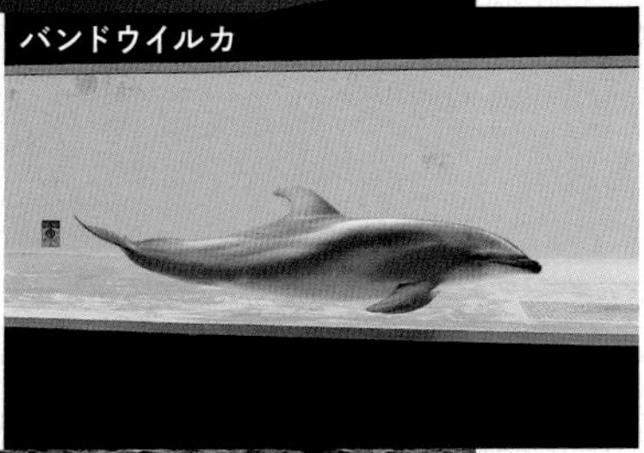

シロイルカ

	スナメリ	バンドウイルカ	シロイルカ
身長	人間約1人分	人間約2人分	人間約3人分
体重	人間約1人分	人間約 3～10人分	人間約 10～25人分
色	うすいグレー	濃いグレー	白
口元	クチバシがない	クチバシがある	短いクチバシがある
背ビレ	ない	ある	ない

※人間1人分とは、身長約1.5～1.7 m、体重約 50～60kg で計算しています。

宮島水族館 みやじマリンのスナメリ

スナメリ、名前の由来

スナメリという和名は、砂の上を滑るように泳ぐから、という説があります。ほかに、砂の中に隠れている魚に対して勢いよく水を吹くとき砂をなめているように見えるため、スナメリになったという説もあり、定かではありません。

ANIMAL DATA

【学名】*Neophocaena phocaenoides*

【分類】クジラ目 ネズミイルカ科 スナメリ属

【生息地】東アジアの沿岸地域

【好物】魚、甲殻類など

【寿命】約 25 ～ 30 年

【サイズ】体長約 1.5 ～ 2 m／体重約 50 ～ 60kg

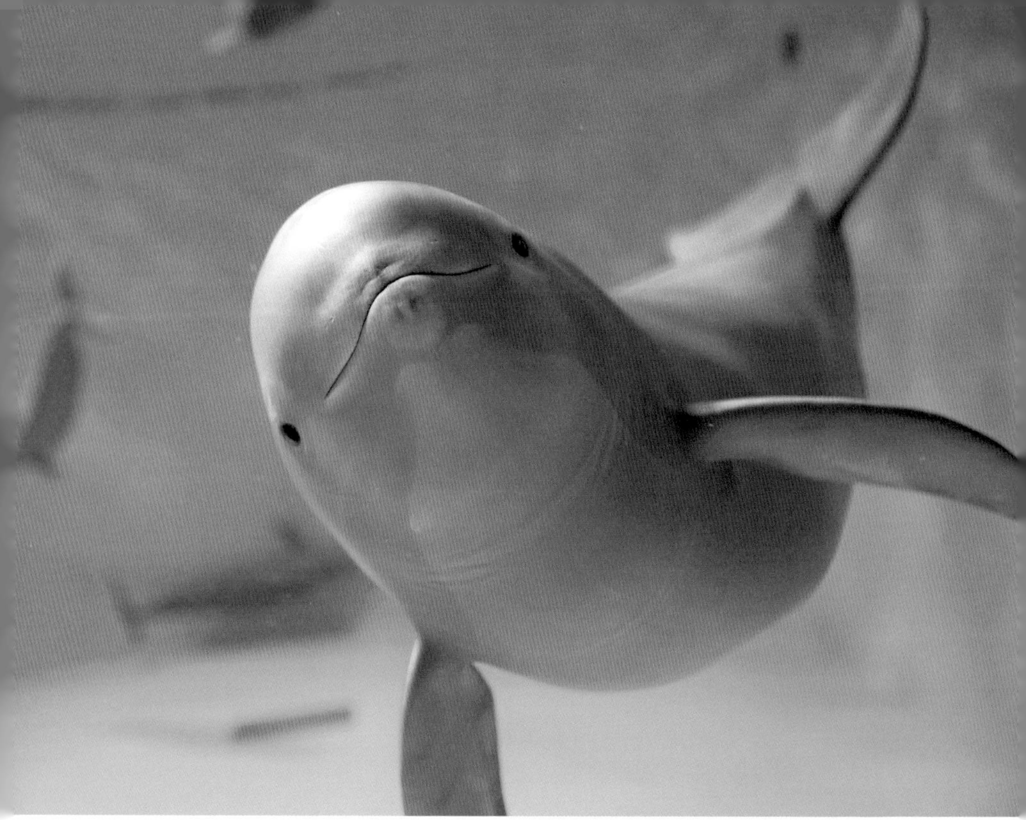

宮島水族館 みやじマリン

「水槽には、３頭のスナメリが暮らしています。１番大きいのが“ハッチ”、ちょっとぽっちゃり体型なのが“コハル”、その娘が“チハル”です。見分けてみてください」
（主査：赤木 太さん）

水槽越しに手を振ってみましょう。正面からスナメリが近寄ってきたら撮影を。まん丸なスナメリらしい表情の写真が撮れます

DATA → P183

展示場 -- 瀬戸内のくじら

チハル

性別 メス
誕生 2016 年 3 月 23 日
性格 元気いっぱい

まだ子どもです。水槽のガラス面越しに見学者と遊ぶシーンもよく見られます。驚かさないようにやさしく手を振ってみてください

少し小柄な個体を探しましょう。それが“チハル”です

当館で2016年に誕生。名前は公募で決まりました

人工哺育で育ったため、とても人なつっこい個体です。“ワカバ”と一緒によく水槽のガラス面に寄ってきては、見学者の正面のポジションを取り合っています

鳥羽水族館

「9頭を飼育、そのうち6頭を展示しています。水槽のガラス面に寄って来たり、ほかの個体にちょっかいを出す姿が魅力的です」
（飼育研究部：仲田 夏希さん）

水槽のガラス面からの撮影になるため、正面でなく少し斜めから撮ると映り込みが少なくなります。近寄ってきたときがシャッターチャンス

DATA ➡ P179

展示場 -- 伊勢志摩の海・日本の海

写真提供：鳥羽水族館

チョボ

性別 メス
来館 2004年11月3日
性格 怖がりで控えめ

普段は遠慮がちですが、大好きなボール遊びだけは、ほかの個体が遊んでいるものを奪うほど。おチョボ口だからこの名前がつきました

性別 オス
来館 2017年10月21日
性格 好奇心旺盛

サメやエイなど、常にほかの生きものにくっついて泳いでいます。胸ビレでさわってみたり、いろいろちょっかいを出す姿もキュート

仙台うみの杜水族館

「ほかの生きものとの混泳を見られるのは貴重だと思います。スナメリ自身も、毎日多くの刺激を得ているのではと思います」
（トレーナー：亀谷 達哉さん）

1階大水槽前はもちろん、2階にも大水槽を見られるスペースがあります。それぞれ構図が異なりますので撮り比べるのも楽しい！

DATA ➡ P167

展示場 --
大水槽「いのち きらめくうみ」

アリス

性別　メス
来館　2007年9月6日
性格　おっとりしている

自分の訓練ではないときも、張り切って参加します。また、スタッフが通るたびに、笑顔でお出迎えするところもかわいらしい

ミク

性別　メス
来館　2017年3月9日
性格　好奇心が強い

見学者を観察するのが好き。また、自分なりの遊び方を見つけるのも上手で、同じ道具でもほかの個体とは違う遊び方をします

ハク

性別　オス
来館　2018年3月30日
性格　超がつくマイペース

ひとつのことに集中すると一生懸命になり周りが見えなくなります。遊び道具の輪は自分だけのものだと思っていて、素晴らしい技を見せてくれます

ゴテン

性別　オス
来館　2009年1月5日
性格　大きいけど小心者

唯一鳴き声を出せます。さまざまな技をもち、バブルリングもキレイで芸達者。“ハク”と仲がよくオス同士なのに夫婦と間違われます

マリンワールド海の中道

「4頭のスナメリは、顔・性格・時間の過ごし方がそれぞれに違います。スナメリたちが日々同じ生活リズムにならないよう、輪やボールなど遊び道具を入れています」（飼育員：中嶋 千夏さん）

朝の開館直後は見学者に反応することが多く、狙い目です。スナメリトーク（給餌解説）中に見せるバブルリングなどもぜひ

DATA ➡ P186

展示場 -- 福岡の身近なイルカ

プレイングタイムでバブルリング

毎日のトレーニングにより、プレイングタイムではバブルリングやバブルライン、ジャンプ、回転などのパフォーマンスを見せてくれます

下関市立しものせき水族館「海響館」

４頭を飼育しています。「2009年“ひびき”が、第１回日本動物大賞の功労動物賞を受賞。バブルリングが野生スナメリの行動展示として評価されました」（飼育員：田代 真菜さん）

水槽前から、かわいい顔を撮るのがスタンダードですが、バブルリングの瞬間を連写で押さえるのもおすすめです

DATA ➡ P184

展示場 -- 環境と生き物「スナメリ水槽」

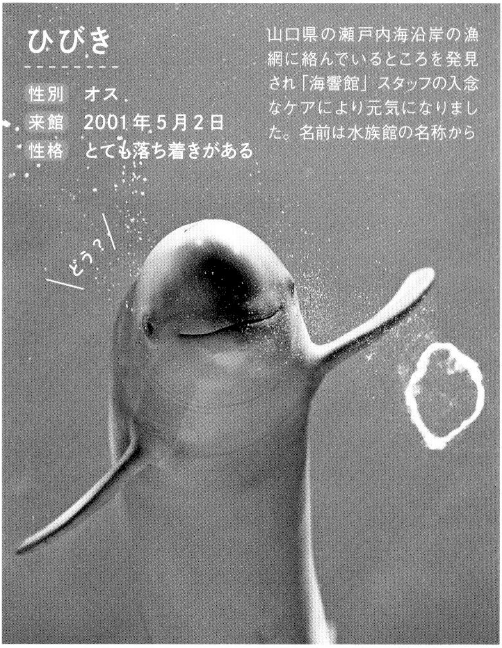

ひびき
性別 オス
来館 2001年5月2日
性格 とても落ち着きがある
山口県の瀬戸内海沿岸の漁網に絡んでいるところを発見され「海響館」スタッフの入念なケアにより元気になりました。名前は水族館の名称から
どう？

マリン

性別 メス
来館 2018年3月13日
性格 好奇心旺盛

口から吹きだした水を口でキャッチして遊びます。たまに小魚を見つけると尾ビレで魚をはたき捕食する行動が見られるときも

南知多ビーチランド

「つぶらな瞳で柔軟に首をしならせながら、周囲を観察し優雅に泳ぐ姿がかわいらしいです。周囲の魚にちょっかいを出したりもしています」（飼育員さん）

観察窓前でスナメリが泳ぐコースを見定めながら撮影しましょう。正面顔や、カラダ全体を入れた引きの写真もおすすめ

DATA ➡ P177

展示場 -- 海洋館内大水槽

#似てる#跳ぶように#泳ぐ#顔みたい

マンタとイトマキエイ

動画でCHECK

マクセル アクアパーク品川のナンヨウマンタ“カイト”

ナンヨウマンタとオニイトマキエイとの違いは口

２種のわかりやすい違いは口の周辺です。ナンヨウマンタは白くなっていますが、オニイトマキエイは黒い部分が多いのが特徴です。また、ぱっと見てひとまわり大きいほうがオニイトマキエイです。

ナンヨウマンタ
ANIMAL DATA

【学名】*Mobula alfredi*
【分類】トビエイ目
イトマキエイ科 イトマキエイ属
【生息地】インド洋・太平洋
（温帯・熱帯域の外洋域）
【好物】動物プランクトン
【寿命】約20年以上
【サイズ】体幅約２〜４ｍ

名称などが、ややまぎらわしいマンタたちですが、マンタはナンヨウマンタとオニイトマキエイの通称。イトマキエイは、マンタとは呼びません（左図参照）。

マンタは「世界最大のエイ」で体幅最大6ｍまでになる、かなり大きな魚類です。カラダの特徴は、平らなひし形で、頭部にある2つの突起がヒレです。頭ビレは、エサを食べるときに伸ばし、通常は丸めておくなど自由に動かせるのも特徴。イトマキエイは、口の位置がポイントです。マンタは頭部正面に口がありますが、イトマキエイは腹側にあります。日本で展示している水族館は、ナンヨウマンタが2カ所、オニイトマキエイが1カ所、イトマキエイが1カ所という希少な生きものです。

写真提供：国営沖縄記念公園（海洋博公園）・沖縄美ら海水族館

沖縄美ら海水族館のオニイトマキエイ。世界初展示です

オニイトマキエイ ANIMAL DATA

【学名】*Mobula birostris*
【分類】トビエイ目
イトマキエイ科 イトマキエイ属
【生息地】インド洋・太平洋
（温帯・熱帯域の沿岸域）
【好物】動物プランクトン
【寿命】約 20 年以上
【サイズ】体幅約 3 ～ 6 m

イトマキエイ ANIMAL DATA

【学名】*Mobula mobular*
【分類】トビエイ目
イトマキエイ科 イトマキエイ属
【生息地】千葉以南の太平洋一帯
【好物】動物プランクトン
【寿命】約 20 年以上
【サイズ】体幅約 3 m

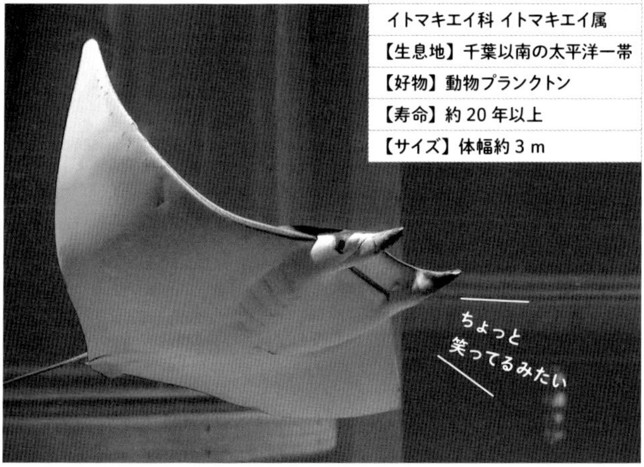

海遊館のイトマキエイ。2 種のマンタとは少し感じが違います

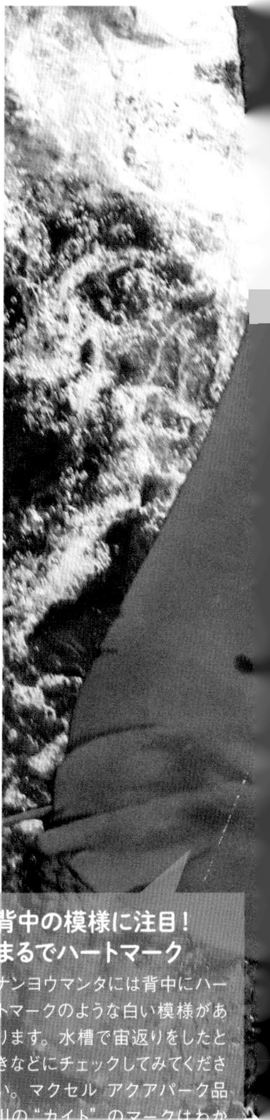

背中の模様に注目！まるでハートマーク

ナンヨウマンタには背中にハートマークのような白い模様があります。水槽で宙返りをしたときなどにチェックしてみてください。マクセル アクアパーク品川の"カイト"のマークはわかりやすい！

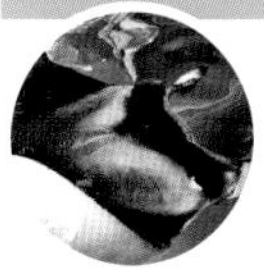

マンタとイトマキエイ

イトマキエイ属

マンタ 2 種あり
- ナンヨウマンタ
- オニイトマキエイ

マンタと呼ばない
- イトマキエイ

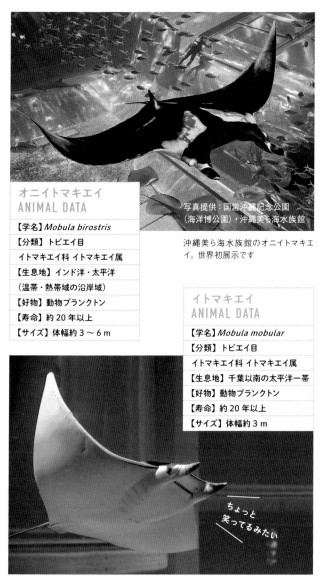

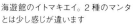

マクセル アクアパーク品川

“カイト” 1個体の展示。「魚類のなかでも脳が大きいほうで、とても賢く物覚えがいいんです。プランクトンを毎日約 4kg 食べます。当館お手製の給餌スプーンで口元にエサを落としてあげています」
（飼育スタッフ：土屋 祐太朗さん）

頭上や斜め上を泳いだときが全身ショットを撮るチャンス。水槽内を回遊しているのでポイントを決めて何度もトライしましょう

DATA ➡ P171

展示場 -- ワンダーチューブ

ナンヨウマンタ

カイト

性別 オス
来館 2006年8月28日
性格 おとなしいが好奇心旺盛

ダイバーが水槽に入ると必ず近づいてきて遊びたがる“かまってちゃん”な一面があります。特技は宙返り。ごはんも上手に食べます

Zoom

水族館の裏側でマンタにエサをあげている様子。大きな口をあけてエサを食べていく様子は大迫力です。給餌体験（有料）ができる場合も

体幅約4.6m。最初の頃は落ち着きがなく、ナンヨウマンタに押しのけられることもありましたが今は余裕があります

国営沖縄記念公園（海洋博公園）・
沖縄美ら海水族館

「オニイトマキエイは世界で唯一当館のみで飼育され世界初展示に成功しました。ナンヨウマンタとの違いを観察してみてください」
（飼育員：木野 将克さん）

開館直後は、水槽の水がすんでいてきれいに撮影できます。晴れた日のお昼前後は水槽に日光が差し込み幻想的。エサの時間も狙い目

DATA ➡ P188

展示場 --「黒潮の海」水槽

写真提供：国営沖縄記念公園（海洋博公園）・沖縄美ら海水族館

ナンヨウマンタ
性別 オス1個体／メス3個体
来館 2015～2018年
性格 メスのブラックマンタは食いしん坊

全部で4個体がいます。通称“ブラックマンタ”と呼ばれるメスの個体は全身真っ黒。どこにエサをまいても見つけて食べに来ます

オスがメスを追いかけていますが、メスは受け入れる様子がありません。近い将来繁殖を期待されているのですが…

海遊館

「糸を巻いたような頭ビレがときどき広がります。しなやかに、羽ばたくように泳ぐ姿は美しいです。エサはヒシャクで口に流し込むように与えています」
（飼育員：喜屋武 樹さん）

下から見上げたときのシルエットや頭ビレを広げた瞬間などが狙い目です

DATA ➡ P181

展示場 --「太平洋」水槽

#貴重#ココだけ#SNSに#あげたい

日本では珍しい生きもの

エサはノコギリを使って…
小魚やイカをまずはノコギリでさわり、徐々に口のほうへ持ってきてパクリ。浅瀬に暮らす生きものはノコギリ部分で探し、見つけたらノコギリを使って弱らせてから食べます。

ノコギリの歯はウロコ！
長いノコギリについている歯は、実はウロコが進化したものです。同じくノコギリがある種類でノコギリザメがいますが、こちらは大きなノコギリエイに比べて最大1.5 mくらいと小さめです。

動画で
CHECK

日本の水族館ではほとんど見られない珍しい生きものをピックアップして紹介します。

まずはノコギリエイ。その「裏の顔」のユニークさで隠れた人気があり、ドワーフソーフィッシュはマクセル アクアパーク品川だけで見られます。アクアマリンふくしまでしか展示されていない白黒模様のクラカケアザラシは、冬から春にかけてしか見られないためレア度ナンバーワンです。さらに、ワンと鳴く鳥羽水族館のイヌガエル、カワスイ 川崎水族館の希少なライギョの仲間、チャンナ・バルカ。東京都葛西臨海水族園の２種の珍しい魚たち。いずれも、派手さはないですが、とても貴重な生きものばかりで、見ること自体に価値ありです。

ドワーフソーフィッシュ
ANIMAL DATA

【学名】*Pristis clavata*
【分類】ノコギリエイ目
ノコギリエイ科 ノコギリエイ属
【生息地】インド東部・
西太平洋熱帯域など
【好物】小魚、イカなど
【寿命】不明
【サイズ】全長最大 3.1 m以上

「裏の顔」は実は鼻孔
目のように見える部分は鼻孔、つまり鼻の役割をしています。目は写真上の裏側「表の顔」のノコギリ近くにあります。なお、オスには腹ビレ近くに２本の棒状の交接器があるので見分けやすいです

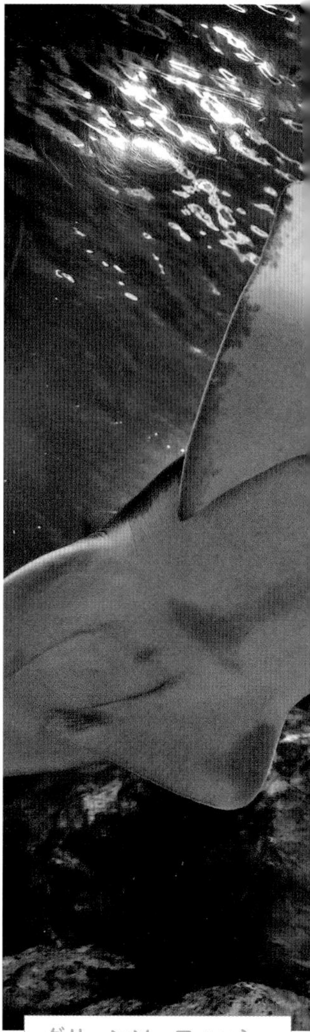

Zoom
２種のノコギリエイの見分け方は、カラダに対してノコギリの比率が小さいほうがドワーフソーフィッシュ、大きいほうがグリーンソーフィッシュです。

マクセル アクアパーク品川

ノコギリエイを３個体展示。「世界の水族館でドワーフソーフィッシュを展示しているのは当館だけです。２種の違いや、特徴的なノコギリなどを観察してください」（飼育スタッフ：山口 彩伽さん）

頭上を泳いでいるときはトンネル水槽の下から。マンタやエイと一緒のショットもおすすめです。昼と夜で照明演出が変わるので夜もトライしてみましょう

DATA ➡ P171
展示場 -- ワンダーチューブ

グリーンソーフィッシュ
ANIMAL DATA

【学名】*Pristis zijsron*
【分類】ノコギリエイ目
ノコギリエイ科 ノコギリエイ属
【生息地】インド・紅海・アフリカ東部・西太平洋熱帯域など
【好物】小魚、イカなど
【寿命】不明
【サイズ】全長最大 6 m以上

ノコギリをこちらに向けられるとちょっとドッキリ

アクアマリンふくしま

展示は夏・秋以外。「名前の由来である鞍模様を探してみてください。温度が高いのが苦手なので気温・水温には気をつけています」(獣医師：平 治隆さん)

陸上部分がよく見える丸窓から、陸上にいるときの全身か顔のアップをねらいましょう。5月は換毛時期なので避けたほうがベター

DATA ➡ P168

展示場 -- 北の海の海獣・海鳥

クラカケアザラシ
ANIMAL DATA

【学名】*Histriophoca fasciata*	
【分類】ネコ目 アシカ亜目 アザラシ科 ゴマフアザラシ属	
【生息地】オホーツク海、ベーリング海など	
【好物】魚、イカ、オキアミなど	
【寿命】約30年	
【サイズ】体長約180cm／体重約90～130kg	

クラカケは模様から

クラカケとは、首や前肢、腰を取り巻く白い帯模様のこと。まるで馬具の鞍をかけたよう見えるのでこの名前がつきました。ただし、オスの成体にしか模様はなく、メスや子どもは帯が不鮮明です。

くらまる

性別 オス
誕生 2014年2月(推定)
性格 神経質にみえて図太い

水槽からラジオが混線したような音がしたら…。"くらまる"が水中で泡を吹き出している音でした。不思議な音を出します

鳥羽水族館

変な生きものがズラリと並ぶ屋内エリアの一角にいます。「展示水槽そばで、ワンと鳴いている映像をエンドレスで流しています。2020年には日本で初めて繁殖に成功しました」(飼育研究部：三谷 伸也さん)

すぐ水中に隠れてしまうので、撮影は厳しいかも。長期戦でトライ

DATA ➡ P179

展示場 -- へんな生きもの研究所

写真提供：鳥羽水族館

イヌガエル
ANIMAL DATA

【学名】*Sylvirana guentheri*	
【分類】無尾目 アカガエル科	
【生息地】中国、台湾、ベトナムなど	
【好物】虫など	
【寿命】不明	
【サイズ】体長約8cm	

鳴き声がまさにイヌ

茶褐色の体色で、目の後方に白く丸い模様があるのが特徴。一見、普通のカエルですが、犬のようにワンと鳴きます。まるで子犬のような鳴き声は思わず周りを見まわしてしまうほど。

東京都
葛西臨海水族園

「レンテンヤッコは日本の太平洋側の限られたところにしかいない珍しい種類。ナーサリーフィッシュは泥水で濁った薄暗いところに生息しているので水槽も薄暗くしています」（教育普及係：村松さん／市川さん）

レンテンヤッコは岩に隠れていてもそのうち出てくるので待ってみましょう。ナーサリーフィッシュは真横からフックが写るように撮影を…

DATA ➡ P169

展示場 -- レンテンヤッコ：東京の海「小笠原の海1」水槽／ナーサリーフィッシュ：世界の海「オーストラリア北部」水槽

成長すると性転換

メスとして産卵していたはずの魚が成長するとオスに変わります。オスは背ビレと尻ビレに黒い縞模様があるので比較しましょう

レンテンヤッコ ANIMAL DATA

【学名】	*Centropyge interrupta*
【分類】	スズキ目 キンチャクダイ科 アブラヤッコ属
【生息地】	日本近海など
【好物】	藻類、海綿類など
【寿命】	約5年
【サイズ】	全長約18～20cm

別名はコモリウオ

ナーサリー＝育児の意味で別名がコモリウオです。オスの頭にあるフックに卵を引っかけてふ化するまで守ることから命名されました

ナーサリーフィッシュ ANIMAL DATA

【学名】	*Kurtus gulliveri*
【分類】	スズキ目 クルトゥス科 クルトゥス属
【生息地】	オーストラリア北部など
【好物】	甲殻類、魚など
【寿命】	不明
【サイズ】	全長約60cm

カワスイ 川崎水族館

「飼育例があまりない魚で、カワスイでも試行錯誤の連続です。とても体色が美しい魚なので、もっといい色が引き出せるかも」（魚類担当：松浦 香佳さん）

真正面から撮ると、まん丸顔に映るのでとてもかわいらしい一枚に。基本的にじっとしている魚なので撮りやすい！

DATA ➡ P173

展示場 -- オセアニア・アジアゾーン

チャンナ・バルカ ANIMAL DATA

【学名】	*Channa barca*
【分類】	スズキ目 タイワンドジョウ科 タイワンドジョウ属
【生息地】	インド北東部
【好物】	魚、甲殻類など
【寿命】	不明
【サイズ】	体長約50～80cm

珍しいライギョの仲間

釣り人の間でも有名な、日本に定着している外来魚のカムルチー（ライギョ）と近縁の種類です。チャンナ・バルカはとても珍しく、まだまだ謎が多い魚です。

イロワケイルカ

#白黒#別名#パンダイルカ#小さい

シャチとは違う白黒模様

同じ白黒模様でもシャチとはデザインが違います。イロワケイルカは、胴の大部分とノドのあたりが白く、それ以外は黒ですが全体的に白いイメージ。シャチはノドなどが白いですが全体的に黒いイメージです。

オスとメスの見分け方は お腹の黒い模様の形

オスもメスもお腹に黒い模様があります。これがハート型になっているのがメス、うちわ型がオスのことが多いようです。またオス・メス共通で、背ビレの先端がバンドウイルカのようにとがっておらず丸みがあります。

動画で CHECK

イルカのなかでも、日本で2つの水族館でしか見られないイロワケイルカ。その白黒模様から〝パンダイルカ〟とよばれて親しまれている希少なイルカのひとつです。

イロワケイルカは、生息地が南アメリカ大陸の最南端あたりで、その地域と同じ冷たい海を好みます。そのため、水槽の水温は12〜13度くらいで、飼育スタッフが清掃をする際は、寒さからしっかり身を守らないといけないほど。

体長約150㎝ですからバンドウイルカなどに比べるとかなり小さめのイロワケイルカ。ショーやパフォーマンスを実施しているところはありませんが、実はジャンプも得意なよう。以前、鳥羽水族館ではジャンプする姿を公開していた時期もあったそうです。

ステラの子

性別 オス
誕生 2021年7月11日
性格 元気いっぱい

生まれた直後から母親の“ステラ”に寄り添われながら力強く泳いでいました。生まれたときは体長約70cm、体重約6kgでした

鳥羽水族館のステラ親子。生まれたばかりの頃の写真です

鳥羽水族館

展示しているのは3頭。「親子で寄り添って泳ぐ姿や授乳の様子、お互いつつき合ってコミュニケーションをとる姿は、子どもが1歳半になるまでの貴重な見られないシーンです」（飼育研究部:仲田 夏希さん）

水槽のガラス面越しに、ゆっくり泳いでいるときを狙って。親子でのいろいろなやりとりが見られるのは、子どもが1歳半になるまでですので、逃したくないですね

DATA → P179

展示場 -- 極地の海

写真提供：鳥羽水族館

ステラ

性別 メス
誕生 2001年5月26日
性格 神経質で警戒心が強い

子どもが単独で遊んでいると遠くから心配そうに見守っています。過去にも出産経験がありますが、母親っぷりが微笑ましいです

ANIMAL DATA

【学名】
Cephalorhynchus commersonii
【分類】
クジラ目 ハクジラ亜科
マイルカ科 イロワケイルカ属
【生息地】南アメリカ南部・インド洋南部諸島の海域
【好物】魚類、イカなど
【寿命】
野生下で約10～15年、飼育下で約15～25年
【サイズ】
体長約1.5m／
体重約40～50kg

セーラ

性別　メス
誕生　1991年4月29日
性格　素直でやさしい

お腹のハート模様が特徴。バスケットボール遊びが得意です。ちょっぴり臆病なところもありますが、やさしいおばあちゃんです

仙台うみの杜水族館

1頭を展示。「好奇心旺盛でボールなどのおもちゃで遊ぶのが大好きです。気が向いたら観覧面に寄って来るので、手を振ってアピールしてみてください」
（海獣ふれあいチーム：寺沢 真琴さん）

水槽のガラス面の近くに寄り、少し角度をつけて撮影してみて。真正面だと写り込みがあります。開館直後と閉館直前がおすすめ

DATA ➡ P167

展示場 --
世界のうみ「アメリカエリア」

Zoom

国内で飼育されているイロワケイルカの最高齢個体です。2021年で30歳になりました。毎日、元気に泳ぎ回っています

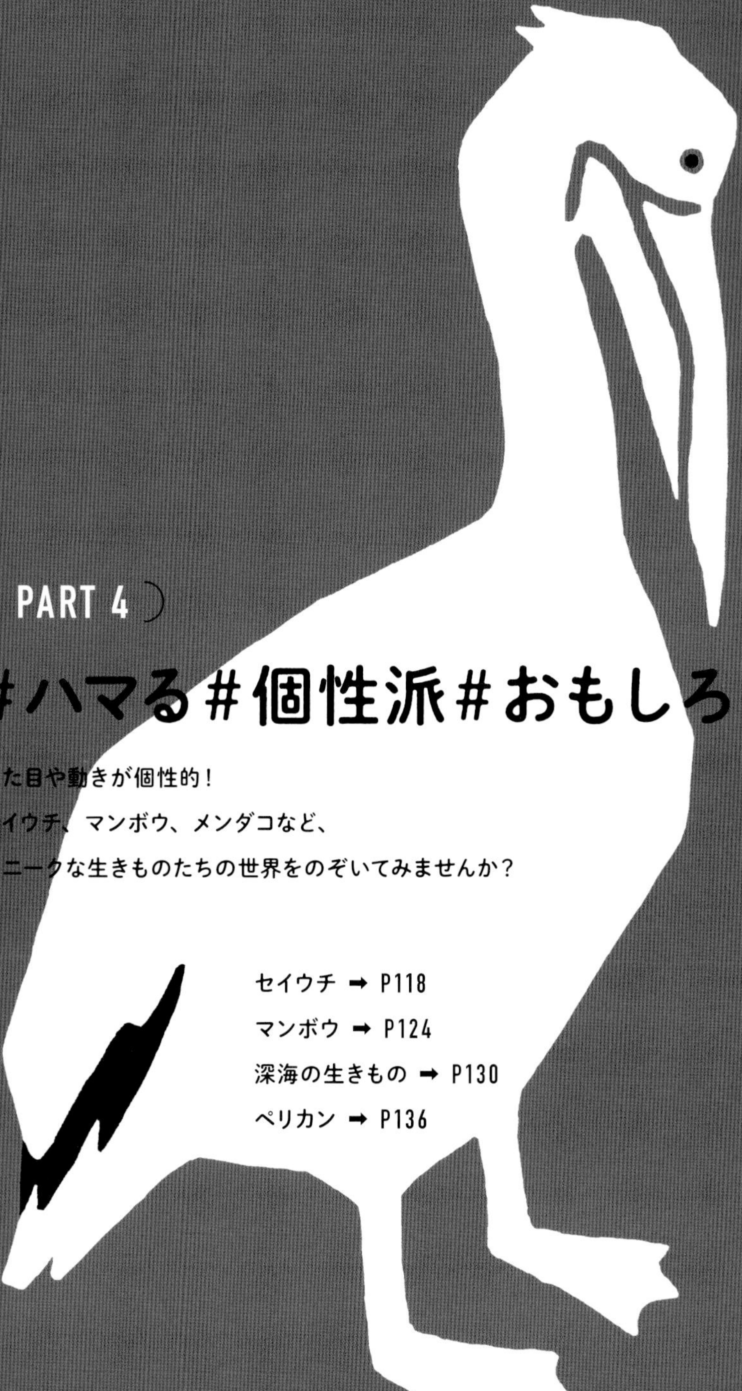

（ PART 4 ）

#ハマる#個性派#おもしろい

見た目や動きが個性的！
セイウチ、マンボウ、メンダコなど、
ユニークな生きものたちの世界をのぞいてみませんか？

セイウチ ➡ P118
マンボウ ➡ P124
深海の生きもの ➡ P130
ペリカン ➡ P136

セイウチ

#大きい#キバ#ヒゲ#ひょうきん者

最高の笑顔

ゴムのような長いヒゲ
ヒゲはさわるとゴムのような感触で400本以上はえています。セイウチは目があまりよくないので、ヒゲが大事な役割を担っており、入り組んでいるところを泳ぐときやエサを探すときに活躍します。

ふざけるのが好き
カラダはもちろん、目も大きく一見怖そうですが、意外とふざけるのが好きなコミカルな個体が多いのも特徴。トレーニングでは、飼育員さんのサインもよく覚え、いろいろなパフォーマンスを見せてくれます。

動画でCHECK

ショーやパフォーマンスの決めポーズで拍手喝采をあびる人気者、それがセイウチです。そのカラダの大きさに、初めて見る人は驚くでしょう。水槽では、お腹を上に向けたり、下に向けたりしながら悠然と泳いでいます。

また、人間のことが大好きな個体が多く、水槽の前に見学者がいるとすぐに寄ってきます。ショーでも水槽でも見ていて飽きない、どこかコミカルな生きものです。

日本でセイウチのいる水族館は10カ所弱。カラダが大きいこともあり、飼育・展示している場所は多くありません。しかし、ほとんどの施設がショー・パフォーマンス・ガイド解説・フィーディングタイムのいずれかを実施しているので、セイウチの魅力を存分に体感できます。

ヒマワリ

性別 メス
来館 2002年5月14日
性格 サービス精神旺盛

全国的に開催された2018年の『ヒレ足甲子園』で第1位に輝きました。大きな前肢を使って観客の背中をたたく"闘魂注入"が得意です

立派なキバがチャームポイント。食いしん坊です

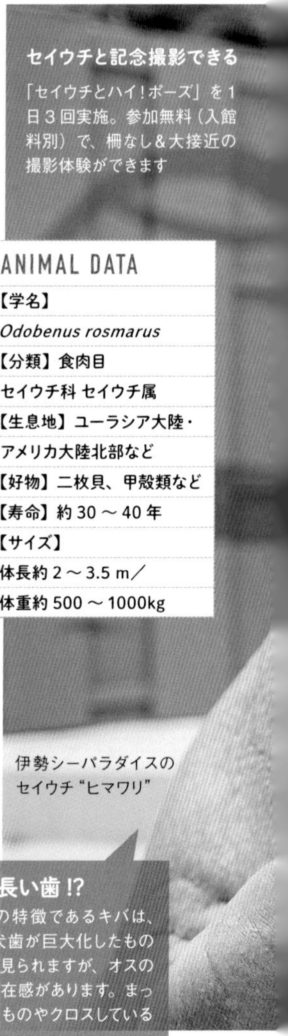

セイウチと記念撮影できる

「セイウチとハイ！ポーズ」を1日3回実施。参加無料（入館料別）で、柵なし＆大接近の撮影体験ができます

ANIMAL DATA
【学名】
Odobenus rosmarus
【分類】食肉目
セイウチ科 セイウチ属
【生息地】ユーラシア大陸・
アメリカ大陸北部など
【好物】二枚貝、甲殻類など
【寿命】約30～40年
【サイズ】
体長約2～3.5m／
体重約500～1000kg

伊勢シーパラダイスのセイウチ"ヒマワリ"

キバ…実は長い歯!?

セイウチ最大の特徴であるキバは、実は上アゴの犬歯が巨大化したものです。メスにも見られますが、オスのほうが長くて存在感があります。まっすぐ伸びているものやクロスしている場合もあります。

伊勢シーパラダイス

「セイウチは見た目からは想像できないほど好奇心旺盛です。新しいスタッフやモノに興味津々。スキンシップとして、鼻に息を吹きかけてあげると、とても満足します。当館では、2頭を展示しています」
（海獣担当：藤原 瑞穂さん）

1日3回のイベントでは、ふれあいを楽しみながら間近で写真が撮れます。自撮りできる場合もあるのでスタッフに相談を

DATA ➡ P178

展示場 -- 海獣広場

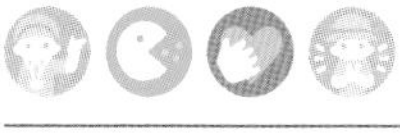

おたる水族館の"ウチオ"です

おたる水族館

「トドなどの鰭《き》脚《きゃく》類《るい》の中でもセイウチは群を抜いて頭のよさを感じます。トレーニングでの物覚えがよく、新しい種目も教えやすい生きものです。特に、口元の器用さには注目です。当館では3頭展示しています」
（飼育員：濵 夏樹さん）

屋外なので、天気のいい日はガラスの写り込みに注意。曇りの日や夕方が比較的撮りやすいのでおすすめです。目の前まで近づいて来たらチャンス

DATA ➡ P164

展示場 -- 海獣公園「セイウチ館」

ウチオ

性別 オス
来館 1990年8月15日
性格 温和で情が深い

子どものセイウチは“ウチオ”によくなつきます。飼育員にもキバが当たらないように気をつけるなど、とにかくやさしい性格です

セイウチを漢字で書くと海象です

水中からガラス越しに接近してくると、まるでゾウのようです

つむぎ

2021年5月生まれ

性別 メス
来館 2021年5月4日
性格 とにかくキュート

名前が決まったときに「つむぎちゃんだよ。わかった?」と教えたら「オウッ」と答えた（飼育員さん談）という、素直ないい子です

大分マリーンパレス水族館「うみたまご」

「3頭のセイウチはとても頭がいいです。飼育員との時間を楽しみに思ってくれるよう、日々考え工夫して接しています」
（飼育員：酒井 唯衣さん）

パフォーマンスのときや泳いでいる姿は躍動感があるので、ぜひ撮影を。ごはんが終わったあとは、プールに浮いているときもあるので狙い目です

DATA → P187

展示場 -- セイウチ水槽

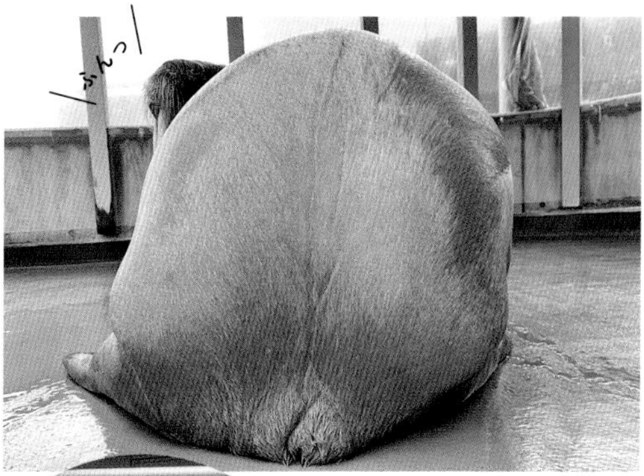

パフォーマンスに注目

「うみたまパフォーマンス」で大活躍。腹筋や口笛、いろいろなポーズを決めるなど、得意技が多くて驚き！

ミーちゃん

性別　メス
来館　2001年11月9日
性格　少し気が弱い

キバが長く先の方でクロスしています。自分のほうが何百倍も大きいのに、鳥や虫が近くを飛んでいるとビックリします。そこが、かわいいところです

セイタ

性別　オス
来館　1993年4月
性格　しっかり者

水槽では、ときどきガラス越しに目を近づけて見学者を見ています。得意技はアッカンベェ～と水をかけることです

横浜・八景島シーパラダイス

「アクアミュージアムの水槽に3頭、アクアスタジアムに2頭、暮らしています。セイウチのレクチャータイムでは、パフォーマンスのほか、生態についても学べます」
（飼育員：山形 えり子さん）

水槽にいる個体はレクチャータイムでのパフォーマンスを撮影。ショーでは、いろいろなポーズをとる個体を正面から狙ってみましょう

DATA → P172

展示場 -- アクアミュージアム／アクアスタジアム

鳥羽水族館

「オス１頭とメス２頭がいます。普段は別々の水槽で暮らしていますが、たまに３頭が揃うと、離れたがらないときがあります」
（飼育研究部：今川 明日翔さん）

おもちゃを抱えているとき、ふと見学者に目線をおくるときがあるのでチャンス。ぼーっと口を開けて舌を出す瞬間なども狙い目です

DATA ➡ P179

展示場 --
水の回廊（アクアプロムナード）

ツララ（手前）

性別 メス
誕生 2009年5月31日
性格 おっとりマイペース

ヒゲがとても長く、投げキッスの音が大きいのが特徴。動きがのんびりしており、プールでは白い浮きのおもちゃでよく遊んでいます

クウ（奥）

性別 メス
来館 2006年2月2日
性格 演技力抜群のお母さん

ハーモニカや腹筋のほか、水鉄砲で撃つと倒れるなどの演技力も抜群。３度の出産経験があり、子どもへの愛が強いお母さんです

南知多ビーチランド

「よく２頭仲よく寄り添って寝ていて、ブーブーという寝息が聞こえてきます。そんな、リラックスしている様子をぜひ見てください」
（セイウチ担当飼育員）

水槽にいる２頭に大きく手を振ってアピールをすると寄ってくることがあります。ガラス面に顔をつけるタイミングを狙いましょう

DATA ➡ P177

展示場 -- セイウチ館

サクラ（左）

性別 メス
来館 1998年9月25日
性格 何ごとにも慎重

カラダの色がピンクで得意技は投げキッス。石橋をたたいてわたるタイプです。水中では、逆立ちをして遊んだりする姿が見られます

キック（右）

性別 オス
誕生 1997年5月27日
性格 穏やかで遊ぶのが好き

約60cmもある長く立派なキバをもっています。トレーナーと遊ぶのが大好きで、口笛を吹いてアピールしてくることもあります

城崎マリンワールド

「2頭を飼育しています。新しい飼育員と会うと、ヒゲを当ててチェックをします。雷などが嫌いでビックリして家に戻ります」
（セイウチトレーナー）

「セイウチのランチタイム」が最高のシャッターチャンスです。セイウチたちが、さまざまなポーズをとってくれます

DATA ➡ P182

展示場 -- シーランドスタジアム／セイウチ水槽

そら

性別 メス
誕生 2005年5月
性格 人なつっこく芸達者

くりっとしたキレイな瞳が魅力。キャッチボール、ハグ、ヒゲの上にモノを乗せる、ハーモニカ、ラッパを吹くなど得意種目がたくさんあります

伊豆・三津シーパラダイス

「1頭展示です。体重500kgのカラダで、とても機敏な動きを見せてくれます。スタッフの顔を覚えておりその人ごとに対応を変えます」
（飼育係：窪谷 陽介さん）

プールを泳いでいることが多いので、近くに来たところを見計らって連写で撮ってみましょう。全体より、顔にズームするのが◎

DATA ➡ P175

展示場 -- セイウチ舎

写真はイベントでのワンシーン。バケツキャッチや投げキッスが得意です

スノー

性別 メス
来館 2013年12月3日
性格 いたずら好きだが怖がり

新しいモノや新人スタッフが飼育スペースへ入ると警戒しながら近づくなど怖がりな一面が。大丈夫だと判断するとひげでさわって調べたりします

マンボウ

#泳ぎ#ゆったり#脱力感#フグの仲間

動画で
CHECK

ジャンプする場合あり

マンボウはジャンプします。それは、カラダについた寄生虫を落とすためといわれています。しかし、水槽でジャンプすると危険なので、水槽の水を真水にして泳がせ寄生虫を取り除く淡水浴という方法を採用している施設もあります。

90 度回転してみた

マンボウが泳いでいる姿を 90 度横に回転してみましょう（写真上）。水中を羽ばたくように泳ぐペンギンの泳ぎ方と同じです。つまり、背ビレと尻ビレを同じ方向に動かして前に進んでいるのです。

世界記録の個体がいた

かつて鴨川シーワールドに、飼育下で世界最大サイズの全長 1.93 m、体重 496kg の個体がいました。また、飼育日数 8 年 2 カ月の世界記録をもつ別の個体もいたというのですから驚きです（現在はいません）。

ANIMAL DATA

【学名】*Mola mola*
【分類】フグ目 フグ亜目
マンボウ科 マンボウ属
【生息地】全世界の温帯から
熱帯域の外洋
【好物】
クラゲ、甲殻類、イカなど
【寿命】
飼育下で最長８年２カ月
【サイズ】
体長最大約３m
体重最大約 2.3t

アクアワールド茨城県大洗水族館の
マンボウがエサを食べているシーン

その脱力感たっぷりの姿で意外とファンが多いマンボウ。確かに、水槽をゆ～っくり泳ぐ様子はいつまでも飽きずに見ていられます。日本ではなじみの深い魚で、フグの仲間です。エラ孔が小さく腹ビレがないところはフグと同じ。泳ぐとき、普通の魚のような尾ビレがないため、方向転換は舵ビレで行い、胸ビレでバランスをとっています。

名前の由来は諸説あり、はっきりとしませんが、日本の地方での呼び名には、なるほどというものがあります。海面に浮かんでいる姿から「浮木《うきき》」、カラダが途中で切れたように見えるから「尻切《しりきれ》」など。日本の水族館の定番と思われがちですが、実は飼育しているのは7館のみです。

複数展示は大きな水槽があってこそです

アクアワールド
茨城県大洗水族館

「国内最大級のマンボウ専用水槽による複数展示は見応えがあります。普段のんびりしているのに、エサの時間になると我先にと勢いよく泳いでくるところがかわいいです」(魚類展示課：鈴木 理仁さん)

珍しい複数展示なので、水槽の正面から引きの写真を撮るのがおすすめです。急に活発に泳ぎ始めたらエサの時間かもしれません

DATA → P168

展示場 -- 世界の海ゾーン「マンボウ水槽」

Zoom

給餌の時間のひとコマ。マンボウがいっせいに水面まで上がり、飼育員の手から直接エサをもらいます（上からは見学できません）

ビニールが助かります

水槽の外に向かって泳ごうとするため、ガラスにぶつからないようビニールフェンスを設置

海遊館

「ダイバーが毎日潜ってエサをあげています。ダイバーが潜ると近寄ってきますが、掃除で潜っても近寄ってくるときがあります」
（飼育員：山下 佳苗さん）

水槽の向こう側に太平洋水槽が見える場所があります。マンボウ越しに太平洋水槽のジンベエザメが泳ぐ姿を撮ることができます

DATA ➡ P181

展示場 -- 特設水槽

水槽には衝突防止用のシートが。3カ月に1度の頻度で張り替えますが、6人がかりで3時間かかるそう

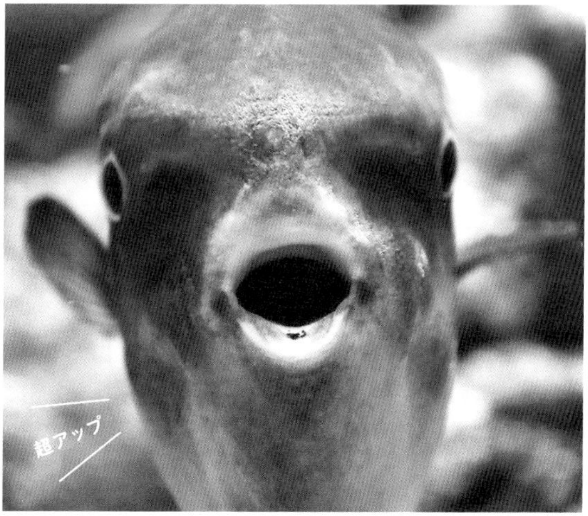

やわらかいものが好きなので、アジやイカなどをミンチにし、お団子状にして与えています

サンシャイン水族館

「エサの団子が白なので、スタッフが水槽に入ると白い潜水ブーツの裏側を追いかけて来ることがあります。襲われてるわけではないのでご安心を」
（飼育スタッフ：三田 優治さん）

水槽の高い場所を泳いでいるときに、下から見上げるように撮影。水槽前側の照明が当たる場所に来たときは最大のシャッターチャンスです

DATA ➡ P170

展示場 -- 大海の海
「マンボウとの出会い」

現在、全長 85cm くらい。マンボウの中では小柄ですが迫力があります

横浜・八景島シーパラダイス

複数のマンボウを飼育。「個体ごとに性格が異なり、気が強くてダイバーにエサをねだる子、遠慮がちに近寄る子などさまざまです」（飼育員：森田 為善さん）

円柱水槽なので、360度、どこからでも撮れます。写り込みの少ない場所と角度を、周囲を１周して探してみましょう

DATA ➡ P172

展示場 -- ドルフィン ファンタジー「円柱水槽」

普段はのんびりしていますが、給餌の時間には意外と素早く泳ぎます

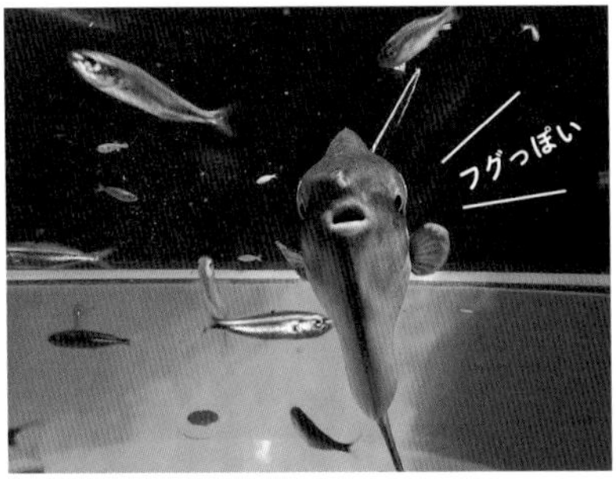

フグの仲間なので、同じ水槽に入っているほかのフグと似た泳ぎ方をします

マンボウは三陸を代表する魚。ヨシキリザメとの混合飼育にも挑戦

仙台うみの杜水族館

「水槽内でガラスなどに衝突しないよう、水槽に水流をつける工夫をしています。エサも消化しやすいものにするなど細心の注意をはらっています」
（魚類チーム：大谷 明範さん）

マンボウ用水槽は湾曲しているので、撮影のときは歪みに気をつけましょう。また、場所によっては周辺展示物の写り込みもあるので注意

DATA ➡ P167

展示場 -- 大漁 宝のうみ「マンボウ水槽」

越前松島水族館

「2017年に和歌山県の海からやって来たマンボウです。来館時は体長80cmくらいでしたが、今では約120cmに成長しました」（展示課魚類係：河野 大貴さん）

正面から撮影可能ですが、周囲の風景が写り込まないように、4面のガラス面からベストの場所を見つけてください

DATA ➡ P180

展示場 -- マンボウ売店棟「マンボウ水槽」

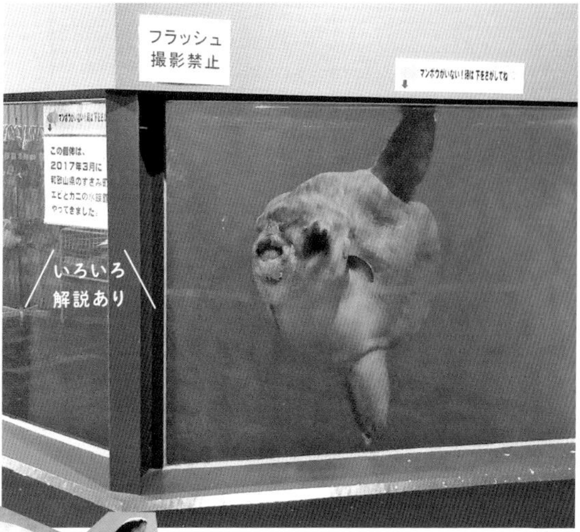

少し暗い水槽ですが、このほうがマンボウが落ち着くようです

エサを食べ終わっても、もっとほしそうに飼育員さんを見つめる姿が、とてもかわいいです

下関市立しものせき水族館「海響館」

「エサは、特製のミンチ（マンボウ団子と呼んでいます）を、手から直接あげています。ときどきダイバーが水中に潜ってあげることもあるので要チェックです」（飼育員：下村 菜月さん）

水槽が曲面で、マンボウ保護シートもあるので、写真はかなり難しいですが、自分なりのベストアングルを見つけてみて。動画で撮るのがおすすめです

DATA ➡ P184

展示場 -- 沖合のフグ水槽

フグが名産の下関らしく、フグの展示種類数が世界一の水族館です

深海の生きもの

#近年#ブーム#キモカワ#正面から

動画で
CHECK

鳥羽水族館のダイオウグソクムシが２００９年から絶食して５年以上生きた、というニュースが配信された頃から深海の生きものが話題になり始めました。昔から、水族館では深海の生きものは数多く飼育・展示されていましたが、２０１１年に深海の生きもの専門の「沼津港深海水族館 シーラカンス・ミュージアム」が誕生。そのキモカワ!? な姿や表情で、注目度はアップ。ＳＮＳで取り上げられることも増えてきました。

そもそも深海とは水深２００ｍより深い海のことで、そこに暮らしているのが深海の生きものです。なかには、成長すると深海以外で暮らしたり、エサを求めて海の中を垂直移動するというパターンの生きものもいます。

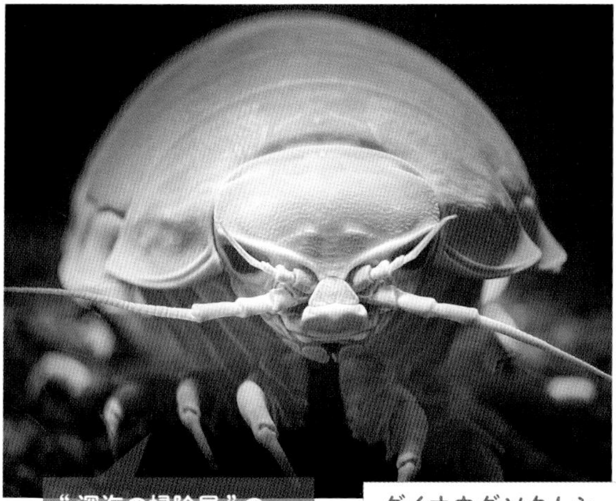

“深海の掃除屋”の異名あり

海底に沈んだ大型魚類やクジラの死骸などを食べるため“深海の掃除屋”といわれます。水族館では主に甲殻類や小さい魚をあげていますが、5年間絶食しても生きていたというニュースもありました。

ダイオウグソクムシ ANIMAL DATA

【学名】
Bathynomus giganteus
【分類】等脚目
ウオノエ亜科 スナホリムシ科
オオグソクムシ属
【生息地】
メキシコ湾、西大西洋周辺
【好物】大型魚類などの死骸
【寿命】約50年（推定）
【サイズ】
体長 約20～40cm

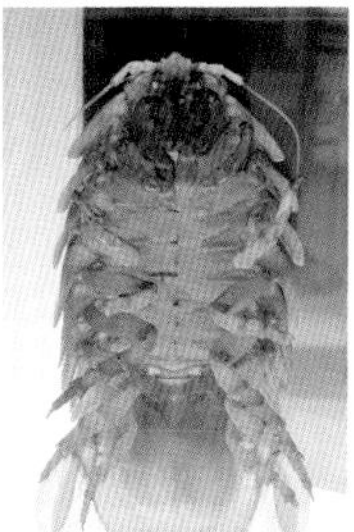

沼津港深海水族館 シーラカンス・ミュージアムにある透明骨格標本

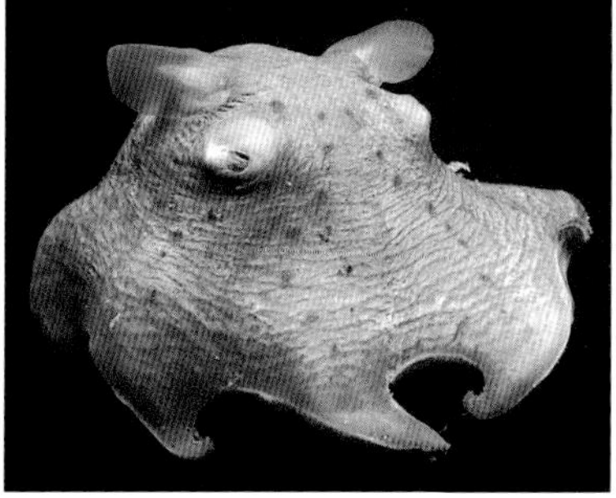

愛嬌のあるフォルムで人気のメンダコ。沼津港深海水族館シーラカンス・ミュージアムでは赤ちゃんがふ化したことも

かわいい耳で舵取り

普通のタコと違い、耳があるのが特徴です。しかし、この耳は音を聞くためではなく、泳いでいるときの舵取りの役目があるといわれています。非常にデリケートでストレスに弱く臆病。水族館でのエサのあげ方にもコツがあるそうです。

メンダコ ANIMAL DATA

【学名】
Opisthoteuthis depressa
【分類】
八腕形目 ヒゲダコ亜科
メンダコ科 メンダコ属
【生息地】相模湾から
東シナ海など
【好物】小型の甲殻類など
【寿命】不明
【サイズ】体長 約20cm

ミドリフサアンコウ　ANIMAL DATA
【学名】*Chaunax abei*
【分類】アンコウ目 フサアンコウ亜目 フサアンコウ科
【生息地】太平洋、インド洋、大西洋など
【好物】小魚など
【寿命】不明
【サイズ】体長最大約 35cm

フグみたいにふくれます

危険を感じると水を飲んでフグのようにまん丸にカラダをふくらませて身を守ります。怒ったような正面顔ですが、どこか憎めない愛嬌のある顔をしています。両目の間にエスカと呼ばれる疑似餌があり、これで小魚をおびき寄せます。

名前の由来は赤い靴じゃない!?

「アカグツ＝赤い靴」が名前の由来と思われがちですが、昔、ヒキガエルがクツと呼ばれていたので「赤いカエル＝アカグツ」となったともいわれています（諸説あり）。胸ビレを使って歩くように移動します。

エサを見ると突進する

普段はほとんど動かずじっとしていますが、エサを食べるときは積極的で水面近くまで来ることがあります。エサを目の前に近づけるとあっという間に飲み込みます。普段とのギャップがおもしろい深海魚です。

沼津港深海水族館 シーラカンス・ミュージアム

「日本一の水深を誇る駿河湾の深海魚や生きものを中心に展示しています。深海の生きものはみんなデリケートなので、食事や展示にはいつも細心の注意を払っています」
（飼育員：増島 恵良さん）

メンダコの撮影はNG。ほかの生きものもフラッシュは禁止ですが、ほぼ動かないので撮影は比較的簡単。顔が正面を向いていたらラッキーです

DATA ➡ P175

展示場 --1階

写真提供：沼津港深海水族館

ボウズカジカ ANIMAL DATA

【学名】
Ebinania brephocephala
【分類】スズキ目
ウラナイカジカ科
アカドンコ属
【生息地】太平洋西部など
【好物】甲殻類など
【寿命】不明
【サイズ】体長約15cm

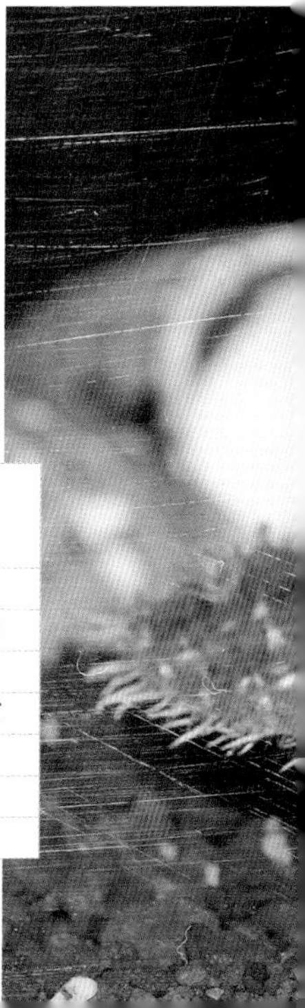

アカグツ ANIMAL DATA

【学名】*Halieutaea stellata*
【分類】アンコウ目 アカグツ亜目
アカグツ科 アカグツ属
【生息地】日本列島周辺海域など
【好物】小魚など
【寿命】不明
【サイズ】体長　約20～30cm

“世界一醜い”といわれた魚

死後の醜い姿から“世界一醜い”称号を与えられてしまった魚。しかし、この生きている姿を見ると、想像ができません。頭がカラダの半分くらいを占めていて、アンバランスな体型が、とてもかわいい生きものです。

ニュウドウカジカ ANIMAL DATA
【学名】*Psychrolutes phrictus*
【分類】スズキ目
ウラナイカジカ科
ウラナイカジカ属
【生息地】アメリカ西海岸、
日本近海など
【好物】アマエビなど
【寿命】不明
【サイズ】体長約 40 ～ 60cm

アクアマリンふくしま

「ニュウドウカジカはヒゲ状の突起物が特徴。ほぼ動かないので、おとなしい…かどうかはわかりません。オオグチボヤは“不思議な深海生物”の代表といえる種類です」（飼育員：森さん／松崎さん）

ニュウドウカジカは正面から撮るのがおすすめ。オオグチボヤは少しうつむき加減なので水槽の下のほうから撮影しましょう

DATA ➡ P168

展示場 -- 親潮アイスボックス

オオグチボヤ ANIMAL DATA
【学名】*Megalodicopia hians*
【分類】マメボヤ目 マメボヤ亜目 オオグチボヤ科 オオグチボヤ属
【生息地】世界の深海に広く分布
【好物】エビ、オキアミなど
【寿命】不明
【サイズ】本体直径約 50 ～ 70mm ／
柄の部分約 30 ～ 50mm

オス?メス?

雌雄同体といって、オスでもありメスでもあります。水深 500 ～ 800 mの深海に生息し、口のうしろにある白い部分が内臓です。大きな口を広げて、真っ暗な深海でエサを待っています。

蒲郡市竹島水族館

「甲殻類の仲間は、ストレスがかかると自ら脚を切り落としてしまうため、水槽から移動するときは慎重に行います。特大サイズのタカアシガニの移動になると３人がかりです」（飼育副主任:三田 圭一さん）

深海水槽は照明を抑えて暗くしてあるため、正面からだと自分が写り込んでしまいます。少し斜めから撮ってみましょう

DATA ➡ P178

展示場 -- 深海大水槽

世界最大のカニです

両方のハサミ脚を大きく広げた姿は迫力満点。世界最大のカニといわれています。エサを食べるのはあまり上手ではなく、水族館では、長い棒にエサをつけてハサミに持たせてあげています。

タカアシガニ ANIMAL DATA

【学名】*Macrocheira kaempferi*
【分類】十脚目 クモガニ科
タカアシガニ属
【生息地】日本近海など
【好物】イカ、アジなど
【寿命】不明
【サイズ】体長約１〜1.2ｍ

ゾウギンザメ ANIMAL DATA

【学名】*Callorhinchus milii*
【分類】ギンザメ目
ゾウギンザメ科
ゾウギンザメ属
【生息地】
オーストラリア南岸など
【好物】甲殻類貝類など
【寿命】最大約 15 年
【サイズ】
体長約 70 〜 120cm

ゾウの鼻のような口周り

口周辺のゾウの鼻のような形と、模様、光沢のある銀色のカラダから名前がついています。主に貝類を食べるため、手前の歯は少し尖っていて、奥は殻などを砕くために平たい形をしています。

海遊館

「メス１個体を飼育・展示しています。春から夏にかけて産卵しますが、その時期は非常に痩せやすいため、週４〜５回エサをあげて、体重をコントロールしています」（飼育係：喜屋武 樹さん）

全身を入れたカットは、正面よりも斜めから撮ったほうが写り込みがないのでおすすめ。口周辺やカラダの模様などがわかるように撮影を

DATA ➡ P181

展示場 -- 日本海溝

ペリカン

#長い#くちばし#大きい#のど袋

くちばしは鳥類で最長の約 50cm

くちばしが長く、鳥類 No.1 の約 40 ～ 50cm あります。これは、エサの魚を捕まえるために進化したといわれており、長いだけではなく、かたくて強力です。

モモイロペリカン
ANIMAL DATA

【学名】	*Pelecanus onocrotalus*
【分類】	ペリカン目 ペリカン科 ペリカン属
【生息地】	ヨーロッパ南東部、中央アジアなど
【好物】	魚など
【寿命】	野生下で約 15 ～ 25 年、飼育下で約 25 ～ 30 年
【サイズ】	くちばしの先から尾先まで　約 1.4 ～ 1.7 m／羽を広げた横幅　約 2 m以上／体重　約 10kg

動画でCHECK

白くてくちばしが長い独特のフォルムで、不思議な存在感を醸し出すペリカン。日本の水族館・動物園で展示している施設は40カ所以上と、メジャーな鳥類です。モモイロペリカン、ハイイロペリカンなどの種類がありますが、日本ではモモイロペリカンが主流。30カ所以上の施設でモモイロペリカンを飼育・展示しています。

施設の多くが独立したエリアで展示をしています。ペリカンは繊細で、なかなか、ほかの生きものと共存するのが難しい鳥なのです。エサをあげるシーンが見られる施設では、ペリカンの大きな特徴である「のど袋」の迫力を体感できます。サンシャイン水族館の足の裏（水かき）まで見える展示「天空パス」も画期的です。

超高層ビル「サンシャイン 60」
を背景に水の中を歩くペリカン

下から観察できる「天空パス」

屋外展示の「天空パス」は、真下からペリカンが歩いているところを観察でき、足の裏がしっかり見えます

足の裏が見える

サンシャイン水族館

「4 羽のペリカンがいて、調味料や香辛料の名前がついています。給餌はペンギン水槽で行いますが、のど袋を広げている姿や、クチバシの隙間から水だけを抜いて器用に食べる様子を、ぜひ観察してみてください」
(飼育スタッフ：有田 蒔実子さん)

ペリカンを下から狙えるのはサンシャイン水族館ならでは。顔なども撮りたい場合は、近くの草原のペンギン水槽前にある芝生の丘付近から

DATA ➡ P170

展示場 -- マリンガーデン「天空パス」

シュガー

性別　オス
来館　2012 年 8 月 15 日
性格　愛嬌たっぷり

大好きなスタッフを見つけると近寄ってきます。エサの時間は大興奮で、たまに、スタッフの手もエサと一緒にくわえてしまうこともあります

食べるときの「のど袋」がインパクト大

エサを食べるときに大きくふくらむ「のど袋」ですが、ペリカンはこれを漁師の網のように使って魚を捕まえます。そのとき、水も一緒に「のど袋」に入ってきますが、エサを飲み込む前に、その水を上手に出してから食べます。

大分マリーンパレス水族館「うみたまご」

「2羽のペリカンが暮らしています。警戒心が強く臆病な性格ですが、パフォーマンスでは大活躍（出演は不明）。肩のりなどの技を見せてくれます」
（飼育部獣類グループ：浅野 碧海さん）

プールで泳ぐときの水をかいてる脚の動きが独特。たまにおしりをプリプリ振ったときがシャッターチャンスです。水遊びの様子を撮れることもあります

DATA ➡ P187

展示場 -- ペリカン水槽

水族館近くの海を、たまにじっと見つめる"スズメ"

スズメ

性別 オス
来館 2003年2月21日
性格 館長Love

館長がとても大好きで、見つけるとパフォーマンスそっちのけで館長の元まで走ります。パフォーマンスのときは館長に隠れてもらっているそう

我が強い個体もいて、ほかの個体のごはんを奪うことも

お休み中…。ペリカンだとは思えない独特な体勢です

横浜・八景島シーパラダイス

「ペリカンは3羽。くちばしを器用に使って丁寧に羽繕いします。ごはんのとき、くちばしを開けて丸呑みする様子は迫力があります」
（飼育員：新井 かおりさん）

水の中にあるごはんをくちばしを使ってすくい上げるところや、スタッフがごはんをあげている真横での撮影がおすすめです

DATA ➡ P172

展示場 -- アクアミュージアム「フォレストリウム」

(PART 5)

#隠れた#人気者#小さな魚

派手さはなくとも、隠れファンが増殖中!?
多種多様なフグ、ダイバーのアイドル・ダンゴウオなど、
キュートで愉快な生きものたちを集めました。

フグの仲間たち ➡ P140
顔や姿にインパクトがある生きもの ➡ P146
擬態する魚たち ➡ P152
ダンゴウオの仲間たち ➡ P156
チンアナゴの仲間たち ➡ P160

フグの仲間たち

#水槽#目立つ#寄ってくる#種類多数

なぜ、どうやってふくれる？

外敵に遭遇したときに海水を吸い込んでカラダがふくらみ、敵を威嚇します。このトゲはウロコが変形したもの。ハリセンボンとはいえ、トゲは1000本もなく300～400本程度です。

動画でCHECK

普段の姿はこんな感じ。そう簡単にふくらみません

水族館好きなら、どの水族館へ行っても必ず探してしまう魚がいます。それがフグ。小さなヒレをパタパタさせて必死に泳いでる姿のかわいさと無類の人なつっこさはたまりません。水槽前でほかの魚を追っていても、いつの間にかフグが近くに寄ってくるほどです。

フグがいない水族館はほぼないといっていいほど、日本ではメジャーでなじみ深い魚です。特に、フグが名産の山口県、下関市立しものせき水族館「海響館」では100種以上のフグを飼育しており、フグ好きなら一度は訪れたい施設です。本書では、有名なハリセンボンやミナミハコフグ、コンゴウフグをはじめ10種以上のフグを紹介。どの施設も、ほかの魚と一緒に展示されています。

ミナミハコフグ
ANIMAL DATA

【学名】
Ostracion cubicus
【分類】フグ目
ハコフグ科 ハコフグ属
【生息地】
インド、西太平洋の熱帯域
【好物】甲殻類、貝類など
【寿命】不明
【サイズ】
体長最大約 45cm

箱状のハコフグは 25 種
箱状のカラダをしたハコフグ科のフグは種類が豊富。ミナミハコフグなどのハコフグ属や、コンゴウフグなどのコンゴウフグ属、ツノハコフグ属などがあり全部で 6 属 25 種といわれています。

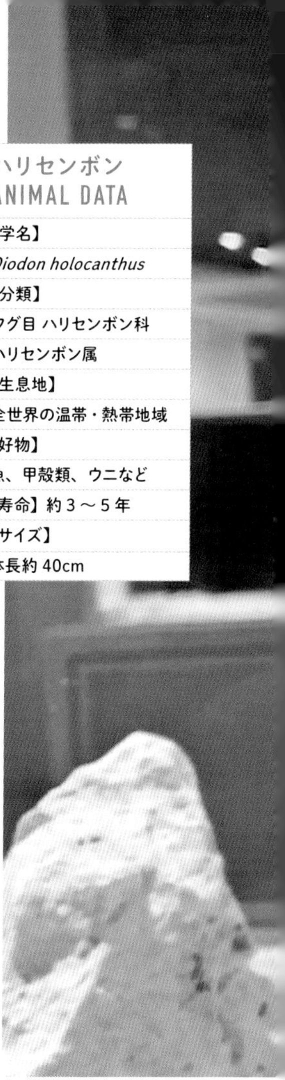

ハリセンボン
ANIMAL DATA

【学名】
Diodon holocanthus
【分類】
フグ目 ハリセンボン科
ハリセンボン属
【生息地】
全世界の温帯・熱帯地域
【好物】
魚、甲殻類、ウニなど
【寿命】約 3 ～ 5 年
【サイズ】
体長約 40cm

ニフレル

「わざにふれるゾーンの水槽にいるハリセンボンとマミズフグは、ふくれるという“わざ” を見せてくれるかも。いろにふれるゾーンにいるミナミハコフグは、黄色に黒い斑点の“いろ”に注目してください」
(担当キュレーター)

水槽の前でしばらく見ているとフグの仲間は必ずといっていいほど寄ってきます。正面を向いたときがシャッターチャンスです

DATA → P181

展示場 --
わざにふれる／いろにふれる

マミズフグ
ANIMAL DATA

【学名】
Dichotomyctere fluviatilis
【分類】フグ目
フグ科 ディコトミクテレ属
【生息地】
南・東南アジアなど
【好物】甲殻類、小魚など
【寿命】約 7 年
【サイズ】
体長最大約 17cm

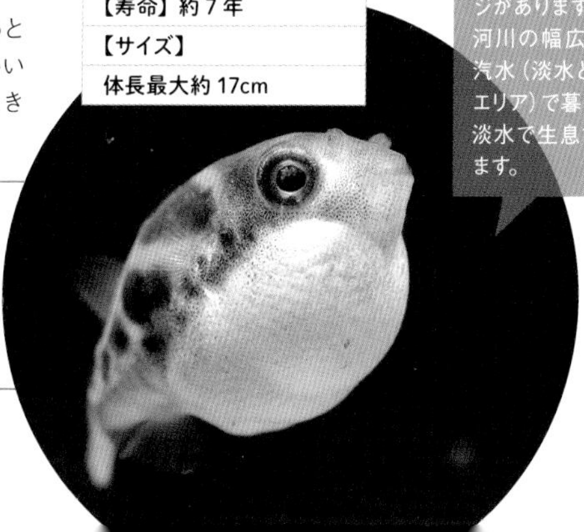

淡水でも海水でも OK
フグといえば海水魚のイメージがありますが、マミズフグは河川の幅広い環境、淡水や汽水（淡水と海水が混在したエリア）で暮らします。ほかに、淡水で生息する淡水フグもいます。

フグ男

性別　不明
来館　2019年11月
性格　順応性がある

食いしん坊なのでたくさんエサを食べます。食べ過ぎてお腹がパンパンにふくらむほど。そのため、エサを与える量には気をつけているとのこと

ミナミハコフグ

クリスマスの時期の水槽にミナミハコフグが入ると、まるでオーナメントのよう

コクテンフグ ANIMAL DATA

【学名】
Arothron nigropunctatus
【分類】フグ目 フグ科
モヨウフグ属
【生息地】太平洋・
インド洋のサンゴ礁
【好物】甲殻類など
【寿命】不明
【サイズ】体長約20cm

黒点があるからこの名前
ねずみ色のカラダに黒色の斑点がドットマークのように入った個体が一般的。だから「黒点」フグです。まれに、お腹が黄色や、薄い黄色のカラダに黒色の斑点という個体もいるようです。

ヨコハマおもしろ水族館・赤ちゃん水族館

「どのフグも、魚の中では人なつっこいほうだと思います。水槽前に立つと近くに来ます。指を追いかけてくることも」(アクアリウムキーパー：田上 達也さん)

コクテンフグは水槽内の小屋に入っているシーンをおさえましょう。ミナミハコフグ、コンゴウフグはせわしなく動くので動画がベター

DATA ➡ P172

展示場 -- びっくり擬態ゾーンなど

頭のツノがトレードマーク
頭と臀部に2本ずつ、あわせて4本のツノのような突起があります。これは皮膚やウロコが変化したもので、コンゴウフグのトレードマークになっています。

コンゴウフグ ANIMAL DATA

【学名】
Lactoria cornuta
【分類】
フグ目 ハコフグ科 コンゴウ
フグ属
【生息地】
太平洋西部、インド洋など
【好物】甲殻類など
【寿命】不明
【サイズ】
体長約30～50cm

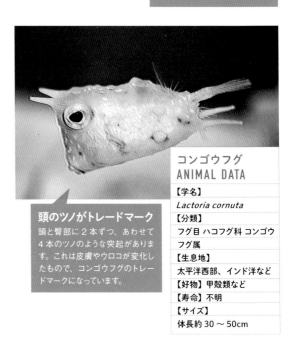

国営沖縄記念公園（海洋博公園）・沖縄美ら海水族館

「波の静かな内湾の浅い場所に暮らしており、幼魚は河川にも入ります。エサの時間以外は砂の上で休む様子を見られます」（サンゴ礁展示係：馬場 雄一郎さん）

水槽の手前に正面を向いて泳いで来たときがチャンスです。給餌時間、活発にエサを食べている姿や動画もおすすめ

DATA ➡ P188

展示場 -- 熱帯魚の海

写真提供：国営沖縄記念公園（海洋博公園）・沖縄美ら海水族館

輪のような模様でワモン

1981年に沖縄美ら海水族館がある本部町の港で日本初となるこの種を採集。目や胸ビレ周辺が輪のような模様になっていることが、和名「ワモンフグ」の由来となりました。尾ビレ以外のヒレは淡い黄色です。

ワモンフグ ANIMAL DATA

【学名】
Arothron reticularis
【分類】フグ目 フグ科
モヨウフグ属
【生息地】
インド、西太平洋など
【好物】カニ、オキアミなど
【寿命】約4年以上
【サイズ】体長約50cm

下関市立しものせき水族館「海響館」

「何といっても、まん丸で大きな目が魅力です。水槽越しに見ていると、ときどき目が合って『キュンッ！』となります」（飼育員：川迫 七海さん）

大きな目が特徴なので、顔を狙って水槽の正面から撮影するのがおすすめ。水槽はフグの宝庫なので複数のフグを一緒に撮ってみましょう

DATA ➡ P184

展示場 -- フグの仲間たち

ハリセンボンの仲間

トゲは立ったまま

ハリセンボンの仲間ですが、大きなトゲが目立ちます。このトゲ、ハリセンボンと違って常に立ったまま。ニュージーランド沿岸などの深場に生息し、日本の水族館では希少な種類です。

ポーキュパインフィッシュ ANIMAL DATA

【学名】
Allomycterus pilatus
【分類】
フグ目 ハリセンボン科
【生息地】ニュージーランドなど
【好物】甲殻類、貝類など
【寿命】不明
【サイズ】体長最大約40cm

テトラオドン・ファハカ
ANIMAL DATA

【学名】*Tetraodon lineatus*
【分類】
フグ目 フグ科 テトラオドン属
【生息地】アフリカ大陸
【好物】甲殻類、小魚など
【寿命】約6～7年
【サイズ】体長最大約40cm

アフリカの淡水に生息

アフリカの淡水に暮らすフグ科の魚はテトラオドン属に分類されます。和名がないため、ちょっと覚えにくい名称です。テトラオドンとは「4枚の歯」という意味。その名のとおり、歯は4枚だけです。

人慣れをしているのか水槽をのぞくと見学者のほうをのぞき返してきます

カワスイ 川崎水族館

「テトラオドン・ファハカは、大きくて吸い込まれそうな、素敵な目をしています。南米淡水フグは、全身の小さなヒレを細かく動かして泳いでいる姿を見ると、思わず応援したくなります」
（展示1課：飯村さん／藤田さん）

2種とも、水槽の前にいると目が合うことが多いので、大きな目に焦点を当てて撮影すれば瞳の奥までキレイに撮れます

DATA → P173

展示場 -- アフリカゾーン／南アメリカゾーン

正面と横顔のギャップが特徴

南米の川に生息するフグです。カラダが小さく、その大きな目が目立ちます。真正面から見ると、しっかりした歯が見えて少し怖い顔。正面顔と横顔で印象がガラリと変わる、そのギャップもおもしろいところです。

南米淡水フグ
ANIMAL DATA

【学名】
Colomesus asellus
【分類】フグ目 フグ科
【生息地】
南アメリカアマゾン川など
【好物】甲殻類、小魚など
【寿命】約3年
【サイズ】体長約7～8cm

しながわ水族館

「1日数回開催する、しな水いきものト～クで主役になることも多いのがサザナミフグです。解説していると、うれしそうに近づいてきてくれる、かわいいフグです」
（担当飼育員）

ガラス面に近づいて来てくれるので、顔が正面に来たときを狙いましょう。同じ動きをすることが多いので、何度もトライできます

DATA ➡ P171

展示場 -- 海の宝石箱

サザナミフグ ANIMAL DATA
【学名】
Arothron hispidus
【分類】
フグ目 フグ科 モヨウフグ属
【生息地】
大平洋、インド洋など
【好物】魚、甲殻類など
【寿命】約7～8年
【サイズ】体長約45cm

温厚なサザナミフグ
モヨウフグ属のフグは、気が荒い場合も多いですが、サザナミフグは比較的温厚で、エサを食べるときも、ほかの魚に近づきません。好奇心は強いようで、水槽掃除のスタッフを観察してくることも。

DMM かりゆし水族館

「ヒトヅラハリセンボンは人を見かけると水槽前面に寄ってきます。大食いでいつも食べ物を探しています。コクテンフグはイヌのような愛嬌のある顔。動きが遅く、ほかの魚にエサを取られています」
（海水チームリーダー）

ヒトヅラハリセンボンは水槽の中を拡大する効果がある丸窓からがおすすめ。コクテンフグは4面から観賞できる水槽。間近に狙えます

DATA ➡ P188

展示場 -- ばんない水槽

コクテンフグ
犬のような愛嬌のある顔をしています。ちょっと臆病

ヒトヅラハリセンボン ANIMAL DATA
【学名】
Diodon liturosus
【分類】
フグ目 ハリセンボン科
ハリセンボン属
【生息地】
インド洋、太平洋など
【好物】貝類、甲殻類など
【寿命】約3～5年
【サイズ】
体長約50～60cm

ハリセンボン科もいろいろ
ヒトヅラハリセンボンとハリセンボンは違うフグですが、どちらもハリセンボン科の仲間です。ハリセンボン科のフグにトゲがあって目が大きいのが特徴。ほかに、イシガキフグやネズミフグなどが属しています。

#個性的#正面顔#たたずまい#忘れない

顔や姿にインパクトがある生きもの

水族館で「なにコレ？」と、その顔や姿に驚いたことはありませんか。どこか変わっていたり、おもしろかったり、とにかくインパクトのある一度見たら忘れられない生きものたちを集めてみました。

入浴中の姿に思わず笑ってしまうカエルや、正面顔が個性的すぎるフサギンポ。一見怖そうですがどこかかわいいイリエワニ、いつも何かを背負っているカイカムリ、神秘的なオオサンショウウオ、目力がポイントのユメカサゴ。そして、怖いイメージのあるアリゲーターガー、ピラニア、ウツボ、オオカミウオ。自信のラインナップです。じっくりご覧ください。

動画でCHECK

アフリカウシガエル ANIMAL DATA
【学名】
Pyxicephalus adspersus
【分類】
無尾目 アカガエル上科
アフリカウシガエル属
【生息地】アフリカ大陸
【好物】昆虫、ネズミ
【寿命】約10〜15年
【サイズ】体長約15〜25cm

まるでウシのような鳴き声

アフリカウシガエルは鳴き声が低く、まるでウシの声のように聞こえるため、その名がつきました。大型で、水族館のカエルがいるエリアでは、圧倒的な存在感。大きいわりに動きは俊敏です。

タケヤマ

性別 オス
来館 2018年1月
性格 とにかくお風呂好き

水槽を開けたら激怒、エサがカラダについて激怒…。はじめは何をしても激怒の毎日でしたが、お風呂は怒りませんでした。長風呂です

おたる水族館

「その顔と目が合うと不思議な感覚になります。左右の目を別々に動かして周囲の様子をうかがっている姿はとてもかわいいです」
(学芸員:古賀 崇さん)

水槽はガラスなので、写り込みがないよう角度に注意しながら正面顔を狙ってみてください。横から長いカラダを撮るのもおすすめ

DATA ➡ P164

展示場 -- マリンギャラリー

フサギンポ
ANIMAL DATA

【学名】*Chirolophis japonicus*
【分類】スズキ目 タウエガジ科
フサギンポ属
【生息地】ロシア沿海地方など
【好物】小魚、カニ、エビなど
【寿命】不明
【サイズ】体長約 50cm

実はカラダが長い
インパクトが強い正面顔の写真をよく見かけますが、実は体長が約 50cm もあります。自分より大きな魚に噛みつくこともあり、ほかの種類と一緒に飼育するのが難しい魚です。

あわしま マリンパーク

「カエル館は 80 種 200 匹を常設展示していて、カエル展示では日本最大級です。水槽内に雨が降っている様子や、給餌シーンが見られることもあります」
(両生類担当:金子 太郎さん)

隠れ上手で、実は目の前にいることも。まずカエルのポジションチェックをして、水槽に近づきズームを使うとキレイに撮れます

DATA ➡ P174

展示場 -- カエル館

もちこ。

性別 メス
来館 2019 年 2 月
性格 隠れるのが上手

土の中で生活するまん丸なフォルムがかわいいカエル。土に潜るときは、頭からではなく、お尻から潜っていくので、頭だけ出ていることが多々あります

アメフクラガエル
ANIMAL DATA

【学名】*Breviceps adspersus*
【分類】無尾目 アカガエル上科
フクラガエル科 フクラガエル属
【生息地】アフリカ大陸
【好物】昆虫など
【寿命】約 10 年
【サイズ】体長約 4 〜 6cm

カエル界でもトップクラスの俊足
手足が短いのに地面を走るのがとても速く、日本にいるカエルの中ではおそらく一番と思われます。また、その名のとおり、雨が降る前日や降っている日は土から出てきて活動します。

水面に出るのは1時間に3回程度

ほとんど水の中にいて動かないことが多いですが、1時間に3回程度、呼吸をするために浮かび上がってきます。水面に鼻先を出すため、後肢と尾を使って立つ姿がユニーク。

ロン

性別 オス
来館 2015年11月19日
性格 おとなしくてシャイ

全長3.2mあります。夕方以降、上陸して口を開けたりしています。歯は生涯で20回以上生え変わるといわれます。水槽の底に抜けた歯が落ちていることも

イリエワニ
ANIMAL DATA

【学名】*Crocodylus porosus*	
【分類】ワニ目 クロコダイル科	クロコダイル属
【生息地】アジア南部、	オーストラリア北部など
【好物】魚、両生類、ほ乳類など	
【寿命】約70年	
【サイズ】	体長約4m/体重　約450kg

ニフレル

「みずべにふれるゾーンにいるイリエワニは、ときどき呼吸をするために水面に浮かび上がり、前肢をダラっとしています。わざにふれるゾーンのカイカムリは種名板を背負っている姿がSNSで話題になりました」

イリエワニが水面に浮かび上がっているときは希少なチャンス。カイカムリは、フタがない水槽なので上からでも横からでも撮れます

DATA ➡ P181

展示場 --
みずべにふれる/わざにふれる

カイカムリ
ANIMAL DATA

【学名】	*Lauridromia dehaani*
【分類】	十脚目 カイカムリ科 カイカムリ属
【生息地】	インド洋、太平洋など
【好物】	魚肉など
【寿命】	約5年
【サイズ】	体長約10cm

何か背負うのは習性

8本の脚のうち4本は貝殻などを背負うためだけに、小さく背中側についています。何かを背負うのは習性であり仕事のようなもの。幼魚から成体になるまでの約1年で、約10回の脱皮をします。

自分の特徴が書かれた種名板を自分で背負っています

水族館で一番大きな個体で体長約156cm、体重約33kgあります

京都水族館

「いつものんびりしていて、ごはんを食べるときハムッとやさしい食べ方をする子もいます。ごはんは週に2回くらいです」
（展示飼育チーム：吉岡 映美さん）

顔つきがかわいらしいので正面から顔を撮るのがおすすめです。また体長1m以上の個体もいるので横から全身もおさえてみましょう

DATA ➡ P182

展示場 --「京の川」エリア

オオサンショウウオ ANIMAL DATA

【学名】	*Andrias japonicus*
【分類】	有尾目 オオサンショウウオ科 オオサンショウウオ属
【生息地】	岐阜県以西の本州・四国・九州
【好物】	魚、カニなど
【寿命】	約100年以上（推定）
【サイズ】	体長最大150cm以上

日本固有の「生きた化石」
日本固有種で世界最大の両生類といわれます。数千万年前の化石と今の姿がほとんど変わっていないため「生きた化石」とよばれることも。前肢の指が4本、後肢の指が5本と本数が違います。

夢見るような姿から名前がついた
ときどき整列して、特徴的な瞳でボーッと遠くを見つめている様子が見られます。そんな姿が夢を見ているように見えたから、ユメカサゴという名前がついたといわれています（諸説あり）。

ユメカサゴ ANIMAL DATA

【学名】	*Helicolenus hilgendorfii*
【分類】	スズキ目 メバル科 ユメカサゴ属
【生息地】	インド洋、太平洋、大西洋
【好物】	魚、エビ、イカなど
【寿命】	不明
【サイズ】	体長約25～35cm

整列している貴重なシーン。
目は大きくノドの奥は黒色です

のとじま水族館

「クリクリな目のかわいらしい顔と、ぜひ正面でにらめっこしてみてください。エサの時間には水面まで泳いでくるほど活発です」
（飼育技師：宮澤 里奈さん）

水槽の前の方で一列に並んでいるシーンに出会えたらラッキー。ユメカサゴの整列は貴重なのでぜひカメラにおさめてください

DATA ➡ P180

展示場 -- 北の海の魚たち

その名前からもわかるように、ワニのような口元が最大の特徴

鳥羽水族館

「古代の海は、生きた化石として知られる古代魚たちを展示しています。アリゲーターガーのほか、カブトガニやオウムガイの仲間、チョウザメの仲間などがいます」
（担当飼育員）

古代魚が揃って泳いでいる水槽は独特な雰囲気があります。アリゲーターガーを手前に、背景も写るようなカットがおすすめです

DATA ➡ P179

展示場 -- 古代の海

アリゲーターガー ANIMAL DATA

【学名】	*Atractosteus spatula*
【分類】	ガー目 ガー科
【生息地】	アメリカ南部など
【好物】	魚、甲殻類など
【寿命】	約 50 ～ 70 年
【サイズ】	体長約 2 m

古代魚のひとつ

古代魚とは、古代の化石として知られ今も絶滅せずに生き残っているアロワナやハイギョなどの魚類のこと。アリゲーターガーが属するガー目は、細長いカラダと口先の突き出た細長いアゴが特徴です。

古代の世界へタイムスリップした気分になる「古代の海」の水槽

カワスイ 川崎水族館

「ピラニアが属するカラシン目やナマズ目、サケ目等の魚にしかない脂ビレ（背ビレと尾ビレの間にあるヒレ）に注目してください」
（展示 1 課：林 達也さん）

照明などが反射して写り込んでしまうため、なるべく近寄って撮影を。鋭い歯が見えるよう正面か斜め前から狙うと迫力ある写真に

DATA ➡ P173

展示場 -- 南アメリカゾーン

実は臆病な性格

ピラニアといえば怖いというイメージがありますが、実は性格は穏やかでとてもおとなしく、近寄ったら逃げてしまうほど臆病です。水族館でのエサは、魚の切り身などですが、食べ方も上品です。

「どうしたら活発に動いてくれるか日々悩んでいます」と担当者談

ブラックピラニア ANIMAL DATA

【学名】
Serrasalmus rhombeus
【分類】カラシン目
セルラサルムス科
【生息地】
アマゾン川流域
【好物】小魚、昆虫など
【寿命】約 20 年
【サイズ】体長約 40cm

ヨコハマおもしろ水族館・赤ちゃん水族館

「見た目は怖いのですが、エサがもらえるとわかると水面に顔を出してくるところはかわいいです。エビと共生展示です」（アクアリウムキーパー：田上 達也さん）

同じ水槽にいるエビがウツボの口の中を掃除しているシーンを狙ってみてください。顔のアップを撮るのもおすすめです

DATA ➡ P172

展示場 -- ふしぎ共生ゾーン

小さなエビが口中をお掃除。そのため、ウツボはエビたちを食べません

ハナビラウツボ ANIMAL DATA

【学名】
Gymnothorax chlorostigma
【分類】ウナギ目 ウツボ科
【生息地】
日本では南西諸島など
【好物】魚、甲殻類など
【寿命】約 40 年
【サイズ】体長約 1m

小さな生きものと共生
ウツボの周辺には、オトヒメエビ、ゴンズイの若魚などの小さな生きものが見られます。これは、ウツボの皮膚や口の中の寄生虫をエビたちが掃除するため。つまりお互いに共生関係にあるからです。

横から見ると

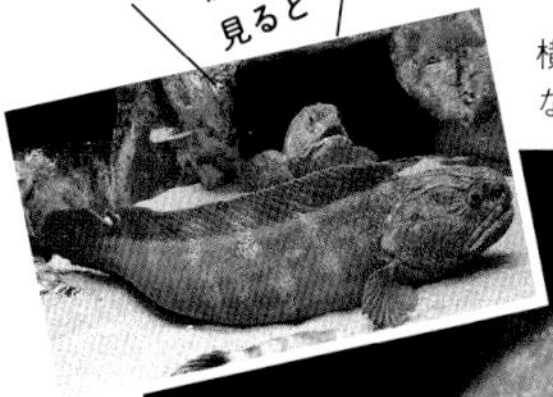

横からの姿も迫力があります。体長はなんと 1 m以上あります

当館ではかつて繁殖・ふ化に成功したこともありました

オオカミウオ ANIMAL DATA

【学名】*Anarhichas orientalis*
【分類】スズキ目 オオカミウオ科
オオカミウオ属
【生息地】
オホーツク海、ベーリング海など
【好物】貝類、甲殻類など
【寿命】約 15 年
【サイズ】体長約 1.1 m

顔は怖いが性格は温厚
見るからに怖くて、いかつい顔をしていますが、性格は温厚、繊細、臆病な魚です。青森県内の漁師さんに捕獲を依頼していますが、年に 1・2 匹捕れるか捕れないか。入手が難しい希少な魚です。

青森県営浅虫水族館

「最初はエサに苦労しましたが青森名産ホタテが好物であることが判明（なかなかのグルメ）。エサに慣れてから展示デビューしました」（魚類グループ：竹中 樹里さん）

穴から出している顔を水槽正面からアップで。穴から出ているときはチャンスです。大きなカラダを撮ってみましょう

DATA ➡ P166

展示場 --
冷たい海の生き物コーナー

擬態する魚たち

#隠れる#まぎれる#見事な#忍者技

ヒラメ
ANIMAL DATA

【学名】
Paralichthys olivaceus
【分類】
ヒラメ目 ヒラメ科 ヒラメ属
【生息地】
太平洋西部など
【好物】小魚、甲殻類など
【寿命】約５～10年
【サイズ】全長最大約１ｍ

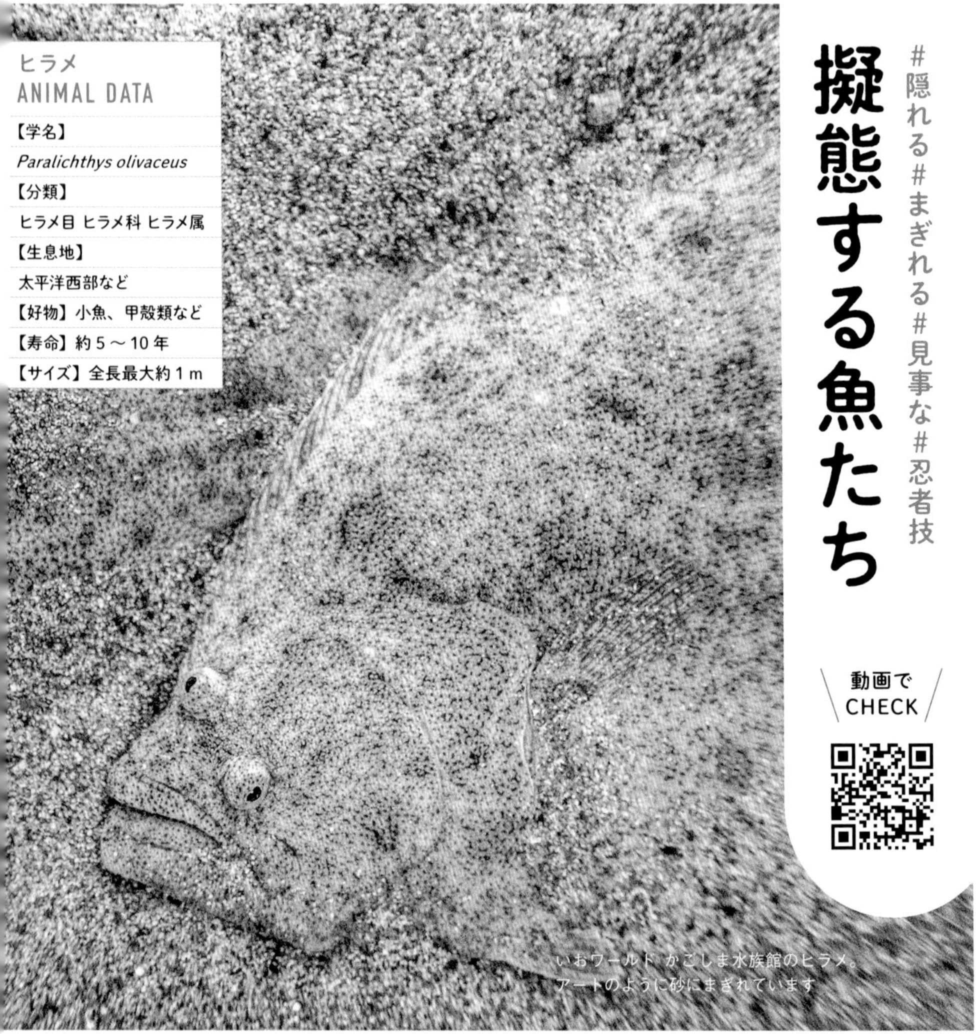

いおワールド かごしま水族館のヒラメ。アートのように砂にまぎれています

動画でCHECK

擬態とは「ほかの生きものや岩などに似た色や形、姿勢をする」ことです。擬態することにより、隠れて、身を守り、エサを捕まえるわけですが、本書で紹介する魚たちの擬態の技には目を見張るものがあります。

砂に擬態して目だけ出ているヒラメ、どう見ても岩にしか見えないオニダルマオコゼ、石になりきっているケムシカジカ、サンゴなどにまぎれたり体色も変えるイロカエルアンコウ、そしてグミみたいなカエル。写真を見るだけでもその隠れ身の技に驚きますが、実際に見てみると感動も倍増します。水槽を見ていて「あっ、ココには何もいない」と通り過ぎる前に、じっくり目をこらして、擬態した魚たちを探してみましょう。

いおワールド かごしま水族館

「特殊な形の水槽でヒラメを真上から観察できます。ヒラメは絶妙に砂の中に隠れます。ただし、水槽の形が特殊なので掃除が大変」（館長：佐々木 章さん）

真上や真横から撮影可能です。水槽の砂の中に隠れていることも多いので、根気よく見つけてください。キラキラしている目がポイント

DATA ➡ P187

展示場 -- かごしまの海

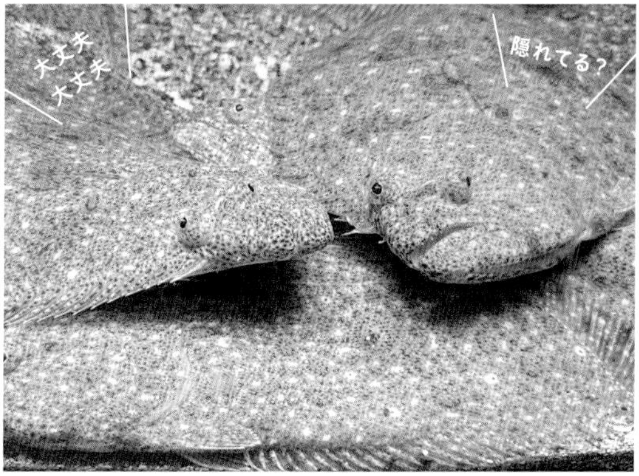

上の２匹のほかに、下にもヒラメがいます。ヒレが見えませんか？

左ヒラメに右カレイ

有名な話ですが、横になったとき向かって左側に２つの目があればヒラメ、逆に右側にあればカレイです。右の写真がヒラメだということもよくわかります。擬態していても目だけ出ているのもかわいいところ。

ヨコハマおもしろ水族館・赤ちゃん水族館

「同じ水槽にカレイもいます。というか、カレーライス水槽ですので、カレイがメインのはずですが、ヒラメのほうが、とっても激しく泳いでいます」（アクアリウムキーパー：田上 達也さん）

ヒラメがライスに乗っているところは、ほかでは撮れない写真です。もちろん砂に擬態しているときもあるので、そちらも狙ってみましょう

DATA ➡ P172

展示場 -- カレーライス水槽

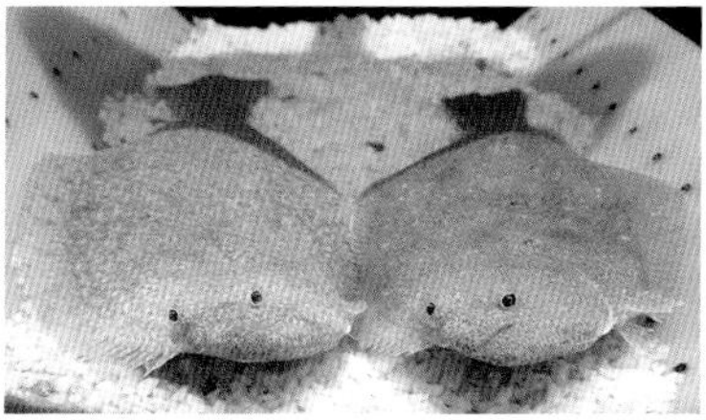

砂の上に擬態中のヒラメ。エサはピンセットで与えているそう

水槽のライスの上にヒラメが乗るとカレーライスみたい!?になります

東京都
葛西臨海水族園

「給餌のとき、長い棒を使って1尾1尾の口元までエサを届けています。運がよければ見られるかも。背ビレに強い毒をもっています」
（教育普及係：市川 啓介さん）

オニダルマオコゼは岩と区別がつきにくいので、いろいろな距離や角度から撮影しておくといいでしょう

DATA → P169

展示場 -- 世界の海エリア「インド洋 2」水槽

オニダルマオコゼ ANIMAL DATA

【学名】	*Synanceia verrucosa*
【分類】	カサゴ目 フサカサゴ科 オニダルマオコゼ属
【生息地】	インド洋、太平洋西部の熱帯域
【好物】	小魚、甲殻類など
【寿命】	不明
【サイズ】	体長約 30cm

擬態界でも高いクオリティ

岩に擬態しますが、そのクオリティの高さに驚きます。そのうえ、砂に隠れるのも上手。一見すると魚とは気づかないかもしれません。それは人間の目からだけでなく、魚の目を通して見ても同じようです。

毒棘はないが歯が鋭い

漁師さんも勘違いするほどオコゼに似た魚。その見た目から毒をもっていると思われることがありますが毒棘はありません。歯はかなり鋭いです。

ケムシカジカ ANIMAL DATA

【学名】	*Hemitripterus villosus*
【分類】	スズキ目 ケムシカジカ科 ケムシカジカ属
【生息地】	北海道全域、オホーツク海など
【好物】	小魚など
【寿命】	不明
【サイズ】	体長最大約 40cm

のとじま水族館

「水槽内に成魚と幼魚がいます。大きさや顔つきが違いますので比べてみてください。普段はおとなしいですがエサには素早く反応して獰猛になります」
（飼育技師：平田 尚也さん）

成魚と幼魚を撮影して見比べてみてください。歯が非常に鋭いのが特徴なので、口周辺を意識しながら撮ってみるのもおすすめです

DATA → P180

展示場 -- 北の海の魚たち

沼津港深海水族館 シーラカンス・ミュージアム

「頭上の目と目の間にあるエスカとよばれる疑似餌を振って、エサとなる魚類をおびき寄せます。サンゴなどに擬態しています」
(飼育員：増島 恵良さん)

ほとんど動きません。展示されているエリアは水槽が比較的明るく撮りやすい場所。擬態しているところを狙いましょう

DATA ➡ P175

展示場 -- 比較水槽

いろいろなカラーバリエーション
黄、赤、茶、黒など、さまざまな体色があります。カラーバリエーション豊富な「カエルアンコウ」という意味のようです。水深5～75mの浅い海に生息します。

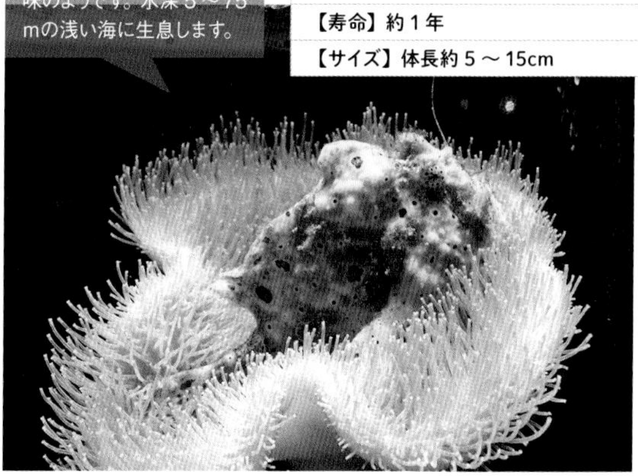

イロカエルアンコウ
ANIMAL DATA

【学名】*Antennarius pictus*
【分類】アンコウ目 カエルアンコウ科 カエルアンコウ属
【生息地】太平洋西部、インド洋
【好物】小魚など
【寿命】約1年
【サイズ】体長約5～15cm

別名・グミガエル
グミみたいにプルンとした見た目から別名・グミガエルともよばれています。グミというより「涼しげな夏向けの和菓子」という感じもしますが…。緑色の葉に擬態して身を守っています。

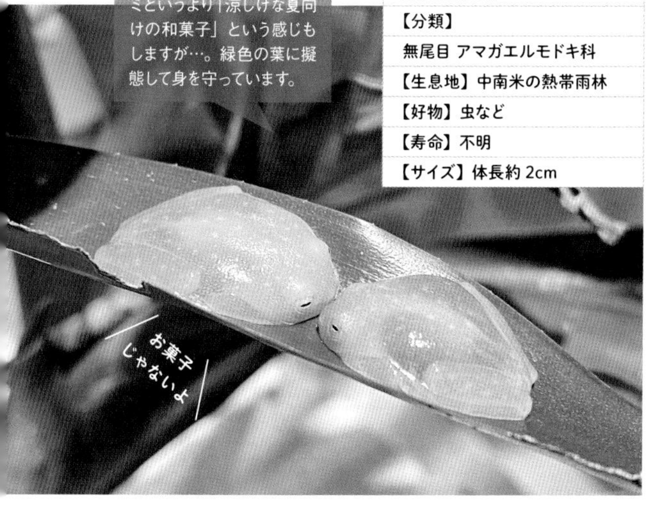

フライシュマン アマガエルモドキ
ANIMAL DATA

【学名】*Hyalinobatrachium fleischmanni*
【分類】無尾目 アマガエルモドキ科
【生息地】中南米の熱帯雨林
【好物】虫など
【寿命】不明
【サイズ】体長約2cm

ニフレル

「毎朝、開館前に数を数えますが隠れるのが上手で見つけるのに苦戦します。2匹が顔をくっつけて擬態していたとき『いや、近いな』と思わず突っ込みました」
(担当キュレーター)

360度観察ができる円柱型の水槽に展示しています。葉の裏に隠れていても、あらゆる角度からの撮影が可能です

DATA ➡ P181

展示場 -- かくれるにふれる

ダンゴウオの仲間たち

#小さい#ゆるかわ#ダイバーの#アイドル

動画でCHECK

おたる水族館のフウセンウオ

フウセンウオ
ANIMAL DATA

【学名】
Eumicrotremus pacificus
【分類】スズキ目
ダンゴウオ科 イボダンゴ属
【生息地】
日本海、オホーツク海など
【好物】軟体動物、甲殻類など
【寿命】約1～2年
【サイズ】体長最大約13cm

カラダの色はいろいろ

フウセンウオのカラダの色はとてもカラフルで、白っぽい色や黄色、赤茶色のほか、黒色やトラ模様のような色などがあります。そのクリッとした目で“北の海のアイドル”とよばれています。

イボダンゴ属とダンゴウオ属

ダンゴウオ科には、ダンゴウオ属やイボダンゴ属などがあります。ダンゴウオはダンゴウオ属。フウセンウオ、コンペイトウ、ナメダンゴはイボダンゴ属です。つまり、イボのような突起があるかないかがポイントです。

最近、SNSで話題になることが多いダンゴウオの仲間たち。小さくて、キョトンとした顔で、まさに「ゆるかわ」。元々、海のダイバーたちのアイドルとして知られていた魚たちです。

ダンゴウオ科にはたくさんの種類があり、本書で紹介するのは、フウセンウオ、コンペイトウ、ナメダンゴ、ダンゴウオの4種。名前だけでも、そのキュートさ、おもしろさが伝わってきます。

小さいこと、吸盤があって何かにくっつくこと、泳ぎがあまりうまくないことが共通した特徴。小さな水槽に複数で展示されていることが多く、ガラス面にくっつくなど、ほとんど泳がずじっとしています。とにかく小さいので、目をこらして探してみましょう。

おたる水族館

「お腹には腹ビレが変化した吸盤があります。魚なのに泳ぐのは苦手らしく、ほとんど水槽内の壁やガラス面に張りついています」
(学芸員：古賀 崇さん)

水槽の真正面からの撮影がおすすめ。ガラスにくっついているときの腹側を撮るか、真正面のとぼけた顔を狙ってみましょう

DATA ➡ P164

展示場 -- マリンギャラリー

フウセンウオ
小さな個体のほうが色が鮮やかで、成長するにしたがって地味になります

フウセンウオ
エサの時間は活発になり取り合いになることも。意外と気が強いです

新江ノ島水族館

「よく観察すると目がきょろきょろ動いていたり、あくびするように口をあけたり、ちょこちょこくっつく場所を変えたりしています」
(飼育員：鈴木 良博さん)

じっとしていることが多いので撮りやすい生きものだと思います。口をあける仕草がかわいいので、じっくり粘って撮ってみましょう

DATA ➡ P173

展示場 -- 太平洋

越前松島水族館

「カラダに三角形の突起があることからこの名前に。お腹の吸盤でモノにくっついて生活します。国内のごくわずかな水族館でしか見られない種類です」
（展示課長：笹井 清二さん）

小さな水槽が４つあり、正面から撮影できます。クリっとした目、お腹の吸盤、珍しいホバリング遊泳などを狙ってみてください

DATA → P180

展示場 -- こんぺんとうハウス

コンペイトウ
ANIMAL DATA

【学名】
Eumicrotremus asperrimus
【分類】スズキ目
ダンゴウオ科 イボダンゴ属
【生息地】
日本海、北海道沿岸など
【好物】軟体動物、甲殻類など
【寿命】約４～５年
【サイズ】体長約 15cm 以下

オスはイクメンです

貝殻のなかに産卵し、ふ化するまでの２～３カ月間はオスが卵の世話をして「イクメン」ぶりを発揮します。大きくなると、オスはゴルフボール、メスはテニスボールくらいの大きさに成長します。

ナメダンゴ
ANIMAL DATA

【学名】
Eumicrotremus taranetzi
【分類】スズキ目
ダンゴウオ科 イボダンゴ属
【生息地】北海道沿岸など
【好物】軟体動物、甲殻類など
【寿命】約１～２年
【サイズ】体長最大約 8cm

吸盤で岩にくっつく

お腹の吸盤で海藻や岩にピタッとくっつく特技があります。実は、魚なのに泳ぎが下手なためです。ちなみに、モノにくっつくのは好きですが、魚同士はくっつきたくないようです。

アクアマリンふくしま

「小さいカラダですが、食欲旺盛でたくさんエサを食べます。ナメダンゴたちの魚関係も複雑で、大きな個体がエサがもらいやすい特等席をとることが多いです」
（飼育員：森 俊彰さん）

表情豊かな正面顔がおすすめ。カメラを向けていて目が合う瞬間があったら逃さずに撮影を。あくびの瞬間も狙い目です

DATA → P168

展示場 -- 親潮アイスボックス

アクアワールド 茨城県大洗水族館

「名前のとおりダンゴのような体型に大きな目が目立ちます。まるで、ゆるキャラみたいな魚。幼魚にも注目です」
（魚類展示課：柴垣 和弘さん）

小さな魚なのでガラス面近くの個体にピントを合わせましょう。魚が正面を向くまで根気よく待って、顔を狙って撮影しましょう

DATA ➡ P168

DATA ➡ P168

展示場 -- おもしろ生物水槽

ダンゴウオ ANIMAL DATA
【学名】*Lethotremus awae*
【分類】スズキ目
ダンゴウオ科 ダンゴウオ属
【生息地】日本の太平洋沿岸、
日本海沿岸など
【好物】軟体動物、甲殻類など
【寿命】約１～２年
【サイズ】体長約 2cm

赤ちゃんに「天使の輪」

生まれたばかりの赤ちゃんには、頭部に白い輪っかのような模様があります。これは「天使の輪」とよばれる、ダンゴウオの赤ちゃんだけに見られる模様です。自然の海ではダイバーたちに大人気。

Zoom

ダンゴウオ水槽は季節ごとにレイアウトを変えています。写真は涼しげな夏の水槽。丸い筒の中にダンゴウオがくっついています

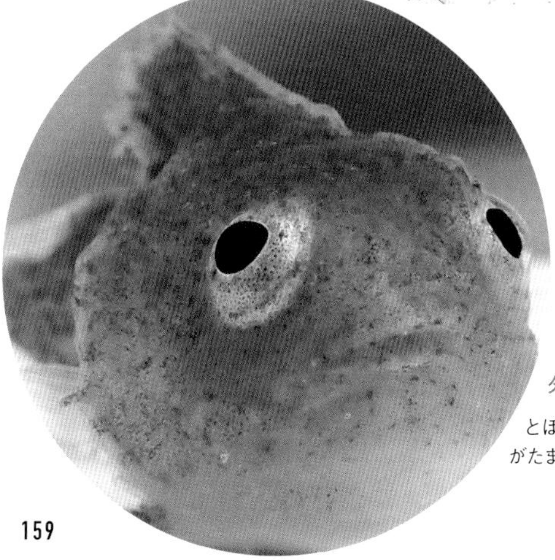

ダンゴウオ

とぼけたような表情がたまりません。

ヨコハマおもしろ水族館・赤ちゃん水族館

「約 1cm ほどの小さな魚で、動きも顔もキュートです。小さなヒレを一生懸命に動かして、まわりをよく見ています」（アクアリウムキーパー：田上 達也さん）

ダンゴウオの高さまで目線を落として、丸い目でコチラを見ているところや、ちょこちょこと泳いでいるところを狙ってみましょう

DATA ➡ P172

展示場 -- 赤ちゃん水族館

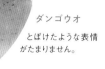

チンアナゴの仲間たち

#ゆらゆら#揺れる#表情豊か#長〜い

動画で
CHECK

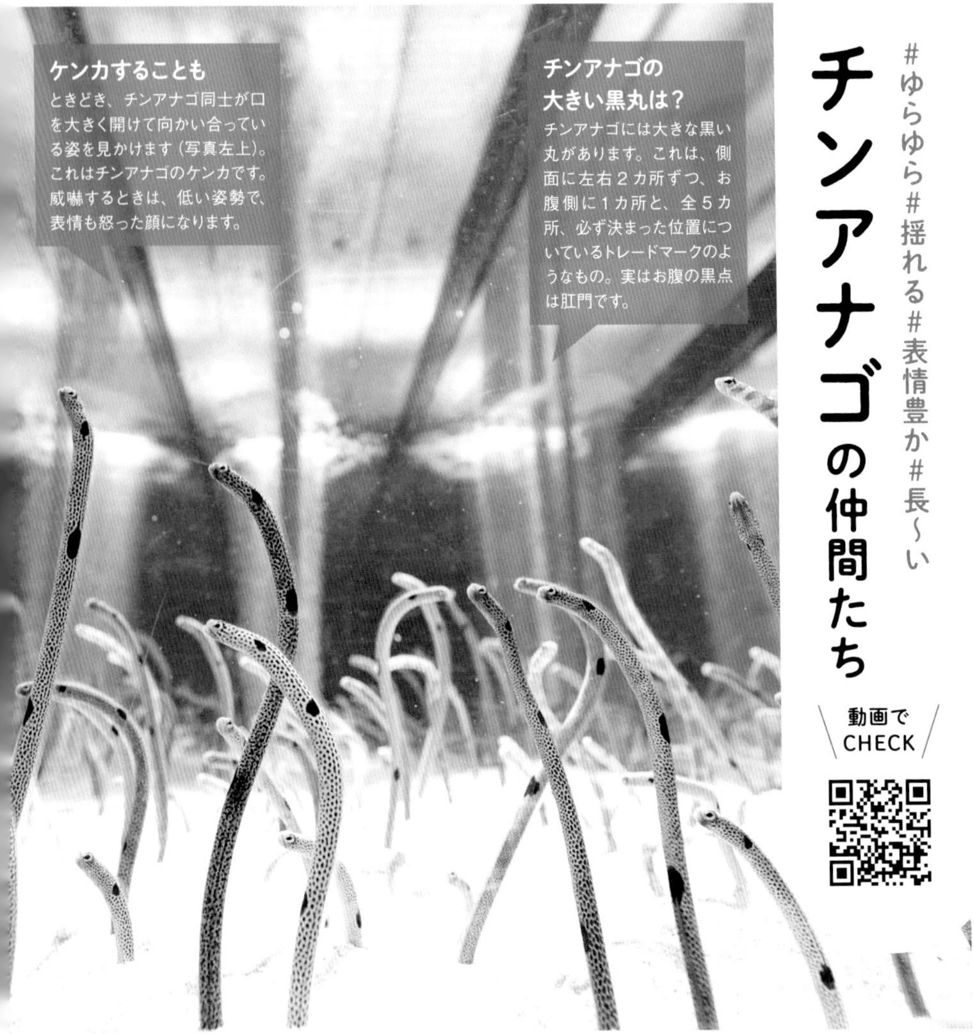

ケンカすることも

ときどき、チンアナゴ同士が口を大きく開けて向かい合っている姿を見かけます（写真左上）。これはチンアナゴのケンカです。威嚇するときは、低い姿勢で、表情も怒った顔になります。

チンアナゴの大きい黒丸は？

チンアナゴには大きな黒い丸があります。これは、側面に左右２カ所ずつ、お腹側に１カ所と、全５カ所、必ず決まった位置についているトレードマークのようなもの。実はお腹の黒点は肛門です。

チンアナゴという生きものがおもしろいと話題になったのは、2012年、すみだ水族館のオープンがきっかけです。細長い水槽いっぱいに密集して顔を出していたその姿はインパクト大でした。それまでもチンアナゴを展示している水族館はありましたが、それほど目立つ存在ではなく、この展示がSNSなどで話題になったことで、一気にチンアナゴの認知度は上昇していったのです。現在、日本でチンアナゴの仲間を展示する水族館は約40カ所あります。

白地に黒い斑点のチンアナゴに対し、白とオレンジのニシキアナゴも、多くの水族館で一緒に展示しています。すみだ水族館にはもう1種、名前もカラダも長いチンアナゴの仲間（写真左）もいます。

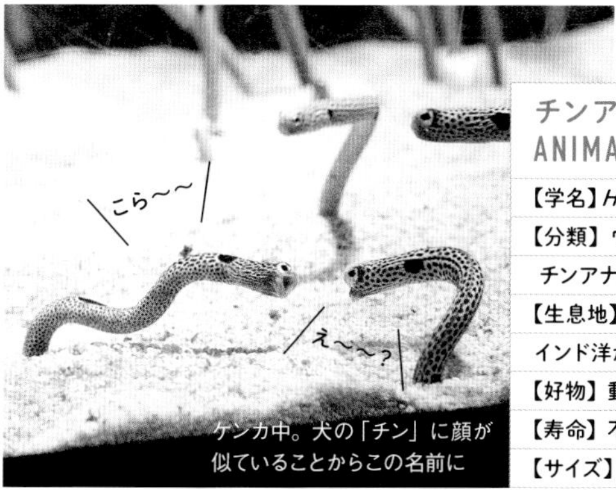

ケンカ中。犬の「チン」に顔が似ていることからこの名前に

チンアナゴ ANIMAL DATA

【学名】*Heteroconger hassi*
【分類】ウナギ目 アナゴ科
チンアナゴ属
【生息地】
インド洋から西太平洋
【好物】動物プランクトン
【寿命】不明
【サイズ】体長約 35cm

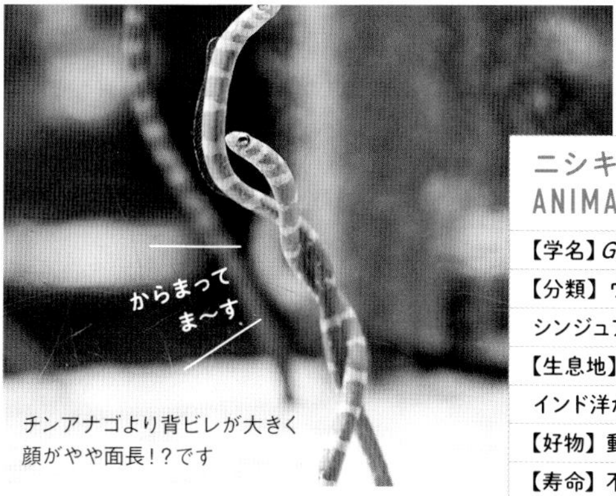

チンアナゴより背ビレが大きく顔がやや面長!?です

ニシキアナゴ ANIMAL DATA

【学名】*Gorgasia preclara*
【分類】ウナギ目 アナゴ科
シンジュアナゴ属
【生息地】
インド洋から太平洋
【好物】動物プランクトン
【寿命】不明
【サイズ】体長約 40cm

すみだ水族館

「約 300 匹のチンアナゴの仲間、3 種を展示しています。1 日 3 回あるゴハンの時間は巣穴からニョキニョキとカラダを伸ばす姿を見られます。からまったり、泳いだり、場所を移動する姿も見られるかも」(飼育スタッフ:柿崎 智広さん)

ゴハンの時間はシャッターチャンス。水流にのってくるゴハンを食べようと、みんなが同じ方向を向きます。水槽全体を撮るのもおすすめ

DATA → P170

展示場 --
サンゴ礁「チンアナゴ水槽」

ホワイトスポッテッドガーデンイール ANIMAL DATA

【学名】*Gorgasia maculata*
【分類】ウナギ目 アナゴ科
シンジュアナゴ属
【生息地】インド洋など
【好物】動物プランクトン
【寿命】不明
【サイズ】体長約 70cm

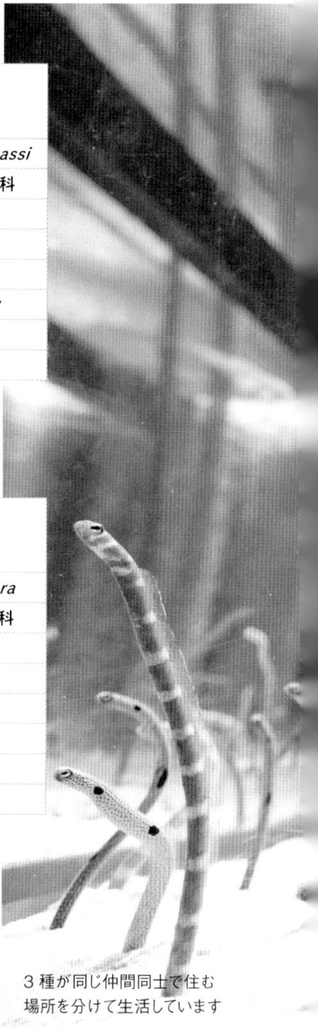

3 種が同じ仲間同士で住む場所を分けて生活しています

水槽の中に 11 匹がいます。カラダが長いので、ゴハンの時間のときの存在感が大

アクアワールド
茨城県大洗水族館

「砂に隠れたり、顔を出して周囲をうかがいながらそっと出てきたり、流れてきたエサを食べたり、いろいろな姿を楽しめます」
(魚類展示課：芝 洋二郎さん)

水槽の側面からだと、より近くで撮影できます。場所がやや狭いので注意。同じ水槽にいるほかの魚と一緒に撮るのもおすすめです

DATA ➡ P168

展示場 -- 世界の海
「サンゴ礁の砂地」水槽

ニシキアナゴ／チンアナゴ

ニシキアナゴはオレンジと白のしましま模様が特徴。模様は個体ごとに違います

Zoom

水槽のそばにチンアナゴやニシキアナゴの長さについての解説があります。砂の中に隠れている部分がこれだけあるとは驚きです

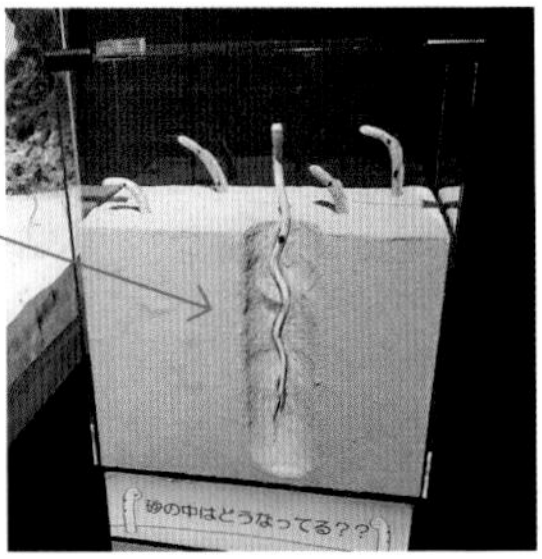

ニシキアナゴ／チンアナゴ

砂を入れ替えた、すぐあとのチンアナゴ。自分の穴をつくって、少し落ち着いています

ニフレル

「チンアナゴとニシキアナゴは、カラダをくねらせて穴を掘り、崩れないように粘液を出して周りの砂を固めて、穴を完成させます」
(担当キュレーター)

水槽全体を撮影するのもいいですが、1匹の個体に狙いをつけて、ズームで寄ると、表情豊かないい写真が撮れます

DATA ➡ P181

展示場 -- わざにふれる

(PART 6)

全国水族館データ

本書で紹介した生きものたちに会える施設情報を集めました。
新型コロナウイルスの感染状況に応じて、
各施設の営業時間やイベントの実施内容が変更になるため、
訪問前に必ず公式サイトの情報もご確認ください。

●北海道 小樽市

おたる水族館

展示数
約250種
5000点

おたるすいぞくかん

上：自然に近い環境で生きものたちを飼育している水族館
下：「イルカスタジアム」ではオタリアやバンドウイルカたちによる迫力あるショーが開催されます（所要時間 20 分）

北海道最大級の水族館

北の海や川・湖の生きものをはじめ、ペンギンやペリカン、海の哺乳類アザラシ、トド、セイウチなどが暮らしています。イルカやオタリアのダイナミックなパフォーマンスは見応えたっぷり。季節ごとに違う展示が楽しめます。

☎0134-33-1400
㊟ 小樽市祝津 3-303
㊋【鉄道】JR 函館本線「小樽駅」から北海道中央バス「小樽水族館」行きで約25分、終点下車、徒歩約3分
【車】札幌自動車道小樽 IC から道道 17 号・454 号経由で約 8km
㊕ 入館料　1500 円
㊐9:00 ～ 17:00（最終入館は閉館 30 分前、季節により変動あり）
㊡11 月下旬～ 12 月中旬、2 月下旬～ 3 月中旬
Ⓟ1000 台（有料）

この本に登場する生きもの

ゴマフアザラシ ››› P017
セイウチ ››› P120
フサギンポ ››› P147
フウセンウオ ››› P157

公式サイトへ

●北海道 千歳市

サケのふるさと 千歳水族館

展示数
約100種
7000点

さけのふるさと ちとせすいぞくかん

上：秋になると水族館のそばにある千歳川でサケの遡上を見学できます。水車が設置され、年間約 20 万尾のサケを捕獲
下：「支笏湖水槽」では青く美しい支笏湖の水中景観を再現

千歳川を水中から観察できる

北海道最大級の淡水魚水槽をもつアクアリウム。体長約 2m のチョウザメや幻の魚イトウが悠々と泳ぐ大水槽をはじめ、体験ゾーンやカイツブリ水槽などさまざまな形で世界各地の淡水生物を展示。秋の目玉はなんといってもサケの遡上です。水中観察ゾーンでは川の様子を館内から観察できます。

☎0123-42-3001
㊟ 千歳市花園 2-312
㊋【鉄道】JR 千歳線「千歳駅」から徒歩約 10 分
【車】道央自動車道千歳 IC から県道 77 号、国道 337 号経由で約 5km
㊕ 入館料　800 円
㊐9:00 ～ 17:00
㊡ 年末年始、整備休館あり Ⓟ220 台

公式サイトへ

この本に登場する生きもの

サケ ››› P085

●北海道 登別市

登別マリンパーク ニクス

のぼりべつまりんぱーく にくす

展示数
約400種
20000点

上：隣接する遊園地の観覧車から見た園内
右：エサの時間はゴマフアザラシがリングに入ります

まるでお城のような水族館

デンマークにある中世の古城「イーエスコー城」をモデルにした「ニクス城」の中にある施設。高さ8mの巨大タワー水槽などがあります。頭上を回遊するイルカやアシカ、魚群が見られるアクアトンネルは必見。人気のペンギンパレードは1日2回開催されています。

☎0143-83-3800
㊟ 登別市登別東町1-22
㊡【鉄道】JR室蘭本線「登別駅」から徒歩約5分【車】道央自動車道登別東ICから国道36号経由で約2.2km
㊕ 入園料　2500円
㊖9:00～17:00
㊡ 保守点検のため休園あり
Ⓟ750台（有料500円／1日）

公式サイトへ

この本に登場する生きもの

ジェンツーペンギン ››› P027
マイワシ ››› P083

●北海道 旭川市

旭川市旭山動物園

あさひかわしあさひやまどうぶつえん

展示数
約100種
680点

上：園内は「ほっきょくぐま館」「あざらし館」「ぺんぎん館」などに分かれており、立体的で臨場感ある展示が人気
下：のぞき窓からはすぐ目の前まで近づいてくるホッキョクグマを観察できる

日本の行動展示のパイオニア

動物たちの生息環境や習性などを生かして〝動く動物〟を見せる「行動展示」で一躍、有名になった動物園。夏期と冬期で展示が異なり、動物たちの違った魅力が楽しめます。

☎0166-36-1104　㊟ 旭川市東旭川町倉沼
㊡【鉄道】JR函館本線・宗谷本線・富良野線「旭川駅」から旭川電気軌道バス「旭山動物園」行きで約40分、終点下車、徒歩すぐ【車】道央自動車道旭川北ICから道道37号経由で約10km
㊕ 入園料　1000円
㊖4月下旬～10月中旬は9:30～17:15（最終入園は16:00）、11月中旬～4月上旬は10:30～15:30（最終入園は15:00）いずれも時期により変動あり
㊡4月中旬～下旬、10月下旬～11月上旬、12/30～1/1
Ⓟ 約500台（一部有料）

公式サイトへ

この本に登場する生きもの

ゴマフアザラシ ››› P016
キングペンギン ››› P026

●青森県　青森市

青森県営浅虫水族館

あおもりけんえいあさむしすいぞくかん

展示数
約300種
10000点

県内ほか世界の水生動物を展示

希少な淡水魚、世界遺産白神の川に住む魚など青森県内の水産資源のほか、世界の珍しい水生動物、アザラシ、ペンギンなど約300種を飼育展示。ショープールでは1日4～5回、イルカのパフォーマンスも開催しています。

上：青森湾を望む本州最北にある水族館
下：青森の海が再現されている長さ15mのトンネル水槽「むつ湾の海」。ホタテやホヤが養殖されています

☎017-752-3377
㊟ 青森市浅虫字馬場山1-25
㊇【鉄道】青い森鉄道「浅虫温泉駅」から徒歩約10分【車】東北自動車道青森東ICから国道4号経由で約10km
㊕ 入館料　1030円
㊔9:00～17:00
㊡ 無休
Ⓟ418台

公式サイトへ

この本に登場する生きもの

オオカミウオ ››› P151

●秋田県 男鹿市

男鹿水族館GAO

おがすいぞくかん がお

展示数
約400種
10000点

ロケーション抜群の水族館

ホッキョクグマやペンギン、秋田の県魚ハタハタなどを展示しています。日本海を見渡せるレストランやオリジナルグッズを扱うミュージアムショップも充実。

上：男鹿半島の先、日本海の海際にあります　下：エントランスを抜けると現れる約40種類2000点もの生きものが泳ぐ「男鹿の海大水槽」。水量約800t、GAO最大の水槽です

☎0185-32-2221
㊟ 男鹿市戸賀塩浜
㊇【鉄道】JR男鹿線「男鹿駅」から男鹿半島あいのりタクシー「なまはげシャトル」（完全予約制）で45分～60分、「男鹿水族館GAO入口前」下車、徒歩すぐ【車】秋田自動車道昭和男鹿半島ICから国道101号経由で約45km
㊕ 入館料　1100円
㊔9:00～17:00（最終入館は16:00、季節により変動あり。公式サイトで要確認）
㊡ 公式サイトで要確認
Ⓟ630台

公式サイトへ

この本に登場する生きもの

ゴマフアザラシ ››› P014
ホッキョクグマ ››› P052

●宮城県 仙台市

仙台うみの杜水族館

せんだいうみのもりすいぞくかん

展示数
約300種
50000点

つながりを〝うみだす〟水族館

人と海・川とのつながりを〝うみだす〟というコンセプトで「うみの杜」と名付けられた水族館。東北・三陸の海を再現した大水槽や、色鮮やかな魚たちが見られる「世界のうみ」、イルカ・アシカ・バードのパフォーマンスが楽しめる「うみの杜スタジアム」などみどころがいっぱいです。

上：白を基調とした建物のなかには約100もの水槽がテーマごとに並んでいます　下：三陸の海を切り抜いたような「いのちきらめくうみ」。キラキラと輝くマイワシたちの群泳が見られます

☎022-355-2222
住 仙台市宮城野区中野4-6
交【鉄道】JR仙石線「中野栄駅」から徒歩約15分【車】仙台東部道路仙台港ICから県道10号経由で約0.3km
料 入館料　2200円
時9:00～17:30（季節により変動あり）
休 無休 P800台

この本に登場する生きもの

オウサマペンギン ››› P025
ツメナシカワウソ ››› P044
スナメリ ››› P103
イロワケイルカ ››› P116
マンボウ ››› P128

公式サイトへ

●山形県 鶴岡市

鶴岡市立加茂水族館

つるおかしりつかもすいぞくかん

展示数
約260種
25000点

60種以上のクラゲが見られる

別名「クラゲドリーム館」とも称され、世界最多60種類以上のクラゲを飼育。遠方から訪れるファンも多く、地元・庄内の魚類を展示するほか、アシカやアザラシの解説、クラゲ学習会など学習・体験プログラムも充実。

上：海沿いにある水族館。すぐ目の前には日本海が
右：庄内沿岸をイメージした大水槽。魚たちはそれぞれにお気に入りの場所を見つけて共存しています

☎0235-33-3036
住 鶴岡市今泉字大久保657-1
交【鉄道】JR羽越本線「鶴岡駅」から庄内交通バス「湯野浜温泉」行きで約40分、「加茂水族館」下車、徒歩すぐ【車】山形自動車道鶴岡ICから国道112号経由で約10km
料 入館料　1000円
時9:00～17:00（最終入館は16:00）
休 無休
P500台

公式サイトへ

この本に登場する生きもの

ミズクラゲ ››› P078
ベニクラゲ、
カラージェリーフィッシュ ››› P079

●福島県　いわき市

アクアマリンふくしま

展示数
約800種
80000点

あくあまりんふくしま

生態を観察できる展示が特徴

小名浜港２号埠頭に立つ水族館。総水量2050ｔを誇る大水槽のトンネルを通りながら、マイワシやカツオの迫力ある群泳が観察できます。釣りや缶詰づくりなど体験プログラムも充実。太平洋を望む高さ34mの展望台からの眺望もおすすめです。

上：総ガラス張りの天井。屋外には干潟や砂浜を再現した国内最大級のタッチプール「蛇の目ビーチ」があります
下：黒潮と親潮を表現した「潮目の海」。迫力に圧倒されます

☎0246-73-2525
㊟いわき市小名浜字辰巳町50
㊋【鉄道】JR常磐線「泉駅」から新常磐交通バス「小名浜・江名」行きで約15分、「イオンモールいわき小名浜」下車、徒歩約5分【車】常磐自動車道いわき湯本ICから県道145号・66号経由で約18km
㊖入館料　1850円
㊔9:00～17:30（12/1～3/20は～17:00。最終入館は閉館1時間前）
㊡無休　Ⓟ1500台

この本に登場する生きもの

クラカケアザラシ››› P112
オオグチボヤ››› P134
ニュウドウカジカ››› P134
ナメダンゴ››› P158

公式サイトへ

●茨城県　大洗町

アクアワールド茨城県大洗水族館

展示数
約580種
68000点

あくあわーるどいばらきけんおおあらいすいぞくかん

飼育しているサメの種数は日本一

世界の海ゾーンには、サメやマンボウなど海の人気者たちが勢揃い。イルカがダイナミックなジャンプを披露するオーシャンライブ、約1万5000匹のイワシの群れが動く「IWASHI LIFE」など、館内プログラムも充実しており、1日たっぷり楽しめます。

水槽の前にはゆったり座って観察できるスペースがあります

☎029-267-5151
㊟東茨城郡大洗町磯浜町8252-3
㊋【鉄道】大洗鹿島線「大洗駅」から循環バス「海遊号」で約15分、「アクアワールド・大洗」下車、徒歩すぐ【車】常磐自動車道水戸大洗ICから国道51号、県道2号経由約7km
㊖入館料　2000円
㊔9:00～17:00（最終入館は16:00。季節によって変動あり）
㊡無休（6月と12月に休館日あり）　Ⓟ750台

この本に登場する生きもの

トラフザメ››› P074
シロワニ››› P075
マンボウ››› P126
ダンゴウオ››› P159
チンアナゴ››› P162
ニシキアナゴ››› P162

公式サイトへ

●千葉県 鴨川市

鴨川シーワールド

かもがわしーわーるど

展示数
約800種
11000点

右：愛嬌たっぷりのアシカパフォーマンス。笑うアシカと記念撮影もできます

海獣たちのパフォーマンスが人気

太平洋を目の前にした4万㎡もの広大な敷地内でシャチをはじめ4種類の海の動物たちによるパフォーマンスが楽しめます。ベルーガ、イルカ、アシカはそれぞれ独立したスタジアムで行われ、順番に移動しながらスムーズに観覧できるようにプログラムされています。

左：海や川で暮らす生き物たちの自然環境を再現した施設で展示

☎04-7093-4803
㊟ 鴨川市東町 1464-18
㊋【鉄道】JR 外房線「安房鴨川駅」から無料送迎バスで約 10 分【車】館山自動車道君津 IC から房総スカイライン、県道 24 号経由で約 35km
㊕ 入館料　3000 円
㊐9:00 ～ 16:00（季節により変動あり）
㊡ 不定休
Ⓟ1200 台（有料 1200 円／1 日）

この本に登場する生きもの

ベルーガ ››› P028
バンドウイルカ、カマイルカ ››› P059
ヒョウモンオトメエイ ››› P071
カクレクマノミ ››› P085
シャチ ››› P090

公式サイトへ

●東京都 江戸川区

東京都葛西臨海水族園

とうきょうとかさいりんかいすいぞくえん

展示数
約600種
43500点

葛西臨海公園内にある水族園

クロマグロが群泳するドーナツ型の大水槽が有名で、飼育展示が難しいとされるマグロをこれだけ見られるのはこの水族館ならでは。東京の海、世界の海などがエリア別に展示され、「魚の泳ぎ方」「身を守るくふう」など、テーマに沿ったガイドツアーや、生きものたちについて学べるプログラムも充実しています。

上：地上約 30 mの大きなガラスドームが目印　下：太平洋、大西洋、インド洋、北極、南極、熱帯の珊瑚礁など、世界各地の海に暮らす生きものたちが見られる「世界の海」

☎03-3869-5152
㊟ 江戸川区臨海町 6-2-3
㊋【鉄道】JR 京葉線「葛西臨海公園駅」から徒歩約 5 分【車】首都高速湾岸線葛西 IC から約 1km
㊕ 入園料　700 円
㊐9:30 ～ 17:00（最終入園は 16:00）
㊡ 水曜（祝日の場合は開園、翌日休み）、年末年始
Ⓟ なし（公園内駐車場を利用）

この本に登場する生きもの

クロマグロ ››› P084
ナーサリーフィッシュ ››› P113
レンテンヤッコ ››› P113
オニダルマオコゼ ››› P154

公式サイトへ

●東京都　墨田区

すみだ水族館

展示数
約260種
7000点

すみだすいぞくかん

上：東京で長く愛されている金魚を常設展示しています。個性豊かな約 18 種 500 匹の金魚に会えます　下：世界自然遺産である小笠原諸島の海がテーマの東京大水槽には約 45 種の魚を展示

通いたくなる公園のような場所

小笠原諸島の海を表現した水槽やペンギン、オットセイを間近に見られるプール型水槽など、展示方法を工夫した水槽が多数。イスなども多く居心地のよさも魅力です。

☎03-5619-1821
㊟ 墨田区押上 1-1-2 東京スカイツリータウン・ソラマチ 5・6F
㊯【鉄道】東部スカイツリーライン「とうきょうスカイツリー駅」から徒歩すぐ【車】首都高速 7 号小松川線錦糸町出口から四ツ目通り経由で約 2km
㊕ 入館料　2300 円
㊔10:00 ～ 20:00、土・日曜、祝日は 9:00 ～ 21:00（最終入館は閉館 1 時間前）
㊡ 無休（施設点検等で臨時休業あり）
Ⓟ 東京スカイツリータウンの駐車場を利用（有料）

この本に登場する生きもの

マゼランペンギン ››› P022
ミズクラゲ ››› P081
チンアナゴ ››› P160
ニシキアナゴ ››› P160
ホワイトスポッテッドガーデンイール ››› P160

公式サイトへ

●東京都　豊島区

サンシャイン水族館

展示数
約550種
23000点

さんしゃいんすいぞくかん

右：頭上を泳ぐアシカが見られるマリンガーデン「天空の旅」

コンセプトは天空のオアシス

水量約240tの巨大水槽「サンシャインラグーン」や癒しのクラゲエリア「海月空感（くらげくうかん）」など、幻想的な空間が広がります。屋外ではアシカが頭上を泳ぐ姿や、ビルを背景にペンギンがまるで空を飛んでいるように泳ぐ様子が見られます。

上：「サンシャインラグーン」では 1 日数回ダイバーが泳いで餌を与える姿が見られます

☎03-3989-3466
㊟ 豊島区東池袋 3-1 サンシャインシティワールドインポートマートビル・屋上
㊯【鉄道】東京メトロ有楽町線「東池袋駅」から徒歩約 5 分【車】首都高速池袋線東池袋出入口からすぐ
㊕ 入館料　2400 円
㊔（春夏）9:30 ～ 21:00　（秋冬）10:00 ～ 18:00
※最終入館は閉館 1 時間前
㊡ 無休
Ⓟ1800 台（有料　30 分毎 300 円）

この本に登場する生きもの

ケープペンギン ››› P024
コツメカワウソ ››› P040
カリフォルニアアシカ ››› P066
アカクラゲ ››› P080
マンボウ ››› P127
モモイロペリカン ››› P136

公式サイトへ

●東京都 港区

マクセル アクアパーク品川

展示数 約350種 20000点

まくせる あくあぱーくしながわ

都会の駅近水族館

「音・光・映像と海の生きものの融合」がコンセプト。水族館のカテゴリーを超えたエンターテインメント施設。季節ごと、また昼と夜とで異なるパフォーマンスやコンテンツが用意されており、いつ訪れても新しい発見が。

上：品川駅のすぐ近く。仕事帰りに立ち寄れるのも都心の水族館ならでは
下：ゆらゆらとクラゲが漂う「ジェリーフィッシュランブル」。音楽とライティングによる幻想的な演出が楽しめます

☎03-5421-1111（音声ガイダンス）
㊟ 港区高輪 4-10-30 品川プリンスホテル内
㊋【鉄道】JR・京浜急行電鉄「品川駅」から徒歩約2分【車】首都高速芝浦出入口から海岸通り、都道316号経由で約2km
㊕ 入場料　2300円
㊐ 公式サイトで要確認
㊡ 無休
Ⓟ275台（30分毎500円　施設内5000円以上利用で3時間無料）

この本に登場する生きもの

バンドウイルカ ››› P060
シノノメサカタザメ、トンガリサカタザメ ››› P072
エパレットシャーク ››› P076
ナンヨウマンタ ››› P108
ドワーフソーフィッシュ、グリーンソーフィッシュ ››› P110

公式サイトへ

●東京都 品川区

しながわ水族館

展示数 約450種 4000点

しながわすいぞくかん

演出型の水槽とショーを満喫

全長22mのトンネル水槽は頭上をウミガメや魚たちが泳ぎ回り、まるで海中散歩気分。毎日開催のエサやり体験（有料）や、ダイナミックなイルカショー、愉快なアシカショーも楽しめます。アザラシ館も見逃せません。

上：サンゴ礁の世界を再現した「海の宝石箱」
右：トレーナーとの息の合ったパフォーマンスが見られるアシカショー

☎03-3762-3433
㊟ 品川区勝島 3-2-1
㊋【鉄道】京浜急行電鉄京急本線「大森海岸駅」から徒歩約8分、またはJR「大井町駅」中央改札東口6番出口から無料送迎バスで約15分【車】首都高速1号羽田線鈴ヶ森ICから国道15号経由で約2.7km
㊕ 入館料　1350円
㊐10:00～17:00（最終入館は16:30）
㊡ 火曜（祝日・春・夏・冬休み、GWは開館）、1/1
Ⓟ96台（20分毎100円）

この本に登場する生きもの

ゴマフアザラシ ››› P017
マゼランペンギン ››› P020
コツメカワウソ ››› P045
バンドウイルカ ››› P059
シロワニ ››› P077
サザナミフグ ››› P145

公式サイトへ

●神奈川県 横浜市

ヨコハマおもしろ水族館・赤ちゃん水族館

水槽数
151個

よこはまおもしろすいぞくかん・あかちゃんすいぞくかん

「笑える、学べる、楽しめる」

横浜中華街にある水族館。小学校をモチーフにした「おもしろ水族館」と幼稚園をモチーフにした「赤ちゃん水族館」の2つが楽しめます。赤ちゃん水族館は、なかなか見ることのできない魚の卵と赤ちゃんを展示。

※2021年11月23日閉館

子どもの目線に合わせて設置された、ユニークな水槽が並んでいます。幼い頃を思い出させる演出で遊びゴコロいっぱいです

この本に登場する生きもの

コンゴウフグ ››› P142
ハナビラウツボ ››› P151
ヒラメ ››› P153
ダンゴウオ ››› P159

公式サイトへ

●神奈川県　横浜市

横浜・八景島シーパラダイス

展示数
約700種
120000点

よこはま・はっけいじましーぱらだいす

4つの水族館が楽しめます

日本最大級の「アクアミュージアム」、太陽光が差し込む「ドルフィン ファンタジー」、生きものたちとふれあえる「ふれあいラグーン」、海育をコンセプトにした「うみファーム」と、テーマの異なる4つの水族館があります。

上：島のシンボル三角屋根が印象的な「アクアミュージアム」
下：大水槽では約5万尾のマイワシの群れ、エイやサメなどが共存

☎045-788-8888
㊟ 横浜市金沢区八景島
㊇【鉄道】横浜シーサイドライン「八景島駅」から徒歩すぐ
【車】首都高速湾岸線幸浦出入口から国道357号経由で約1.5km
㊑ アクアリゾーツパス（水族館4施設）　3000円
㊋10:00～17:00（季節・施設によって変動あり）
㊡ 無休
Ⓟ4000台（1日1500円　※駐車場により異なる）

この本に登場する生きもの

ゼニガタアザラシ ››› P018
シロイルカ ››› P030
コツメカワウソ ››› P044
ホッキョクグマ ››› P050
バンドウイルカ、
カマイルカ ››› P057
ホシエイ、
マダラトビエイ ››› P068
マイワシ ››› P082
セイウチ ››› P121
マンボウ ››› P128
モモイロペリカン ››› P138

公式サイトへ

●神奈川県 川崎市

カワスイ 川崎水族館

展示数
約300種

かわすい かわさきすいぞくかん

上：エントランスにはチケットカウンターやカフェなどがあります
下：多摩川の上流・中流・下流で暮らす魚たちが泳いでいます。時間とともに変わる多摩川の映像も要チェック

駅前ビルの中にある水族館

既存の商業施設の中にオープンした水族館。AI による解析映像や、QR コードを読み取ると生きものの解説を見ることができるなど最新技術が使われています。オリジナルのメニューが楽しめるカフェや、ショップの豊富な品揃えも魅力です。

☎044-222-3207
㊟ 川崎市川崎区日進町 1-11 川崎ルフロン 9・10F
㊇【鉄道】JR「川崎駅」から徒歩約 1 分、京急線「京急川崎駅」から徒歩約 5 分【車】首都高速横羽線浜川崎出口から国道 15 号経由で約 3km
㊕ 入館料 2000 円
㊓10:00 ～ 20:00（最終入館は 19:00）
㊡ 川崎ルフロンに準ずる
Ⓟ なし

公式サイトへ

この本に登場する生きもの

チャンナ・バルカ ››› P113
南米淡水フグ ››› P144
ブラックピラニア ››› P150

●神奈川県 藤沢市

新江ノ島水族館

展示数
約530種
23000点

しんえのしますいぞくかん

上：国道 134 号線沿いにあり、小田急片瀬江ノ島駅からすぐ
下：「イルカショースタジアム」では〝えのすいトリーター〟とイルカたちの息が合った、完成度の高いショーが楽しめます

相模湾の借景も人気の秘密

見どころは、水深 6.5m、容量 1000t「相模湾大水槽」を泳ぐ約 8000 匹のマイワシの大群。江ノ島の特産品でもあるシラスの成長過程を見られる、世界で唯一の施設です。“癒し”と“学び”の 2 つの展示エリアがある「クラゲファンタジードーム」も人気です。

☎0466-29-9960 ㊟ 藤沢市片瀬海岸 2-19-1
㊇【鉄道】小田急線「片瀬江ノ島駅」から徒歩約 3 分【車】東名高速道路厚木 IC から国道 129・134 号経由で約 23km
㊕ 入館料 2500 円
㊓9:00 ～ 17:00（12 ～ 2 月は 10:00 ～）、GW、夏期、年末年始は変動あり
㊡ 無休 Ⓟ 近隣駐車場を利用

公式サイトへ

この本に登場する生きもの

リクノリーザ・ルサーナ ››› P081
シラス ››› P084
フウセンウオ ››› P157

●神奈川県 箱根町

箱根園水族館

展示数
約200種
7000点

はこねえんすいぞくかん

芦ノ湖湖畔にたたずむ水族館

体長 2m にもなるというピラクルや、生きている化石といわれるプロトプテルス・ドロイなど珍しい魚たちが飼育されています。アザラシショーや人気のコツメカワウソ、タカサゴやヨスジフエダイなどの海水魚を鑑賞できます。

☎0460-83-1151
住 足柄下郡箱根町元箱根 139 箱根園内
交【鉄道】JR・小田急線「小田原駅」から伊豆箱根バス「箱根園」行きで約 1 時間 20 分、終点下車、徒歩すぐ【車】東名高速道路厚木 IC から小田原厚木道路経由で約 52km
料 入館料　1500 円
時 9:00 ～ 17:00（季節により変動あり）
休 無休
P 300 台（1 日 1000 円～）

上：海抜 723m と、日本で一番高い場所に海水大水槽をもつ水族館　下：幅 17m、奥行き 11m、深さ 7m の魚類大水槽がありダイバーによる餌付けショーも開催されます

公式サイトへ

この本に登場する生きもの

バイカルアザラシ ››› P019
コツメカワウソ ››› P043

●静岡県 沼津市

あわしまマリンパーク

展示数
約250種
1600点

あわしままりんぱーく

カエル好きにはたまらない

駿河湾に浮かぶ淡島の中にある水族館。日本をはじめ世界のカエルが飼育されており、その展示種類は日本最多。駿河湾に生息する海の生きものが見られるほか、アシカ、イルカなどのショーも人気です。

☎055-941-3126
住 沼津市内浦重寺 186
交【鉄道】JR 東海道本線「沼津駅」から東海バス「江梨・木負」行きで約 40 分、「マリンパーク」下車、徒歩約 2 分【車】東名高速道路沼津 IC から国道 414 号・県道 17 号経由で約 17km
料 入館料　1800 円
時 9:30 ～ 17:00（※最終入園受付は 15:30）
休 無休
P 150 台（500 円／1 日）

上：淡島へ渡る渡航料は入館料に含まれています　下：水族館の展示では珍しいさまざまなウニの裸殻が見られます。展示する種類は季節によって変わります

公式サイトへ

この本に登場する生きもの

アフリカウシガエル ››› P146
アメフクラガエル ››› P147

●静岡県 沼津市

伊豆・三津シーパラダイス

いず・みとしーぱらだいす

展示数
約300種
3000点

多彩な展示とショーが見もの

日本ではじめてバンドウイルカの飼育を始めた水族館。「イルカの海」「魚のくに」など多彩な展示施設と海の動物たちによるショーが人気です。ユニークな生きものに遭遇できる深海生物コーナーもあります。

上：水槽と鏡を合わせた「クラゲの万華鏡水槽」。刻々と色を変えていく水槽は幻想的　下：ショースタジアムでは、イルカの豪快なジャンプやアシカのパフォーマンスが楽しめます

☎055-943-2331
㊟ 沼津市内浦長浜 3-1
㊫【鉄道】伊豆箱根鉄道「伊豆長岡駅」から伊豆箱根バス「伊豆・三津シーパラダイス」行きで約 25 分、終点下車、徒歩すぐ【車】東名高速道路沼津 IC から国道 414 号・県道 17 号経由で約 27km
㊖ 入館料　2200 円
㊡9:00 ～ 17:00（最終入館は 16:00）
㊡12 月にメンテナンス休館あり
Ⓟ300 台（1 回 500 円）

公式サイトへ

この本に登場する生きもの

トド ››› P066
セイウチ ››› P123

●静岡県 沼津市

沼津港深海水族館 シーラカンス・ミュージアム

ぬまづこうしんかいすいぞくかん しーらかんすみゅーじあむ

展示数
約200種
2500点

深海の生物たちが大集合

日本一深い駿河湾に生息する生きものや、海外の深海生物を展示した水族館。「生きる化石」シーラカンスのはく製が３体と、冷凍２体、また、世界初のシーラカンスが遊泳している映像を見ることができます。楽しみながら学べる実験教室やイベントも多数開催。

ミュージアムとして一般公開を正式に認められた２体の冷凍シーラカンスが見られます。日本でも珍しい貴重な展示です

☎055-954-0606
㊟ 沼津市千本港町 83
㊫【鉄道】JR 東海道本線「沼津駅」から伊豆箱根バス「沼津港」行きで約 15 分、終点下車、徒歩約 3 分【車】東名高速道路沼津 IC から国道 246 号経由で約 8.4km
㊖ 入館料　1600 円
㊡10:00 ～ 18:00（最終入館受付は 17:30）
㊡無休（1月メンテナンス休業あり）Ⓟ近隣駐車場あり（有料）

この本に登場する生きもの

メンダコ ››› P130
ダイオウグソクムシ ››› P131
アカグツ ››› P132
ミドリフサアンコウ ››› P132
ボウズカジカ ››› P133
イロカエルアンコウ ››› P155

公式サイトへ

●静岡県 東伊豆町

熱川バナナワニ園

あたがわばななわにえん

展示数
約50種
1500点

上：ニシレッサーパンダを10頭飼育。1日2回食事タイムがあります　下：水・日曜はワニたちがエサを食べる様子も見学できます。水槽ではワニに大接近できる場合もあります

絶滅危惧種の貴重なワニも

伊豆熱川の温暖な気候と温泉熱を利用して、貴重な世界のワニ、16種約100頭が飼育されています。分園には、体長の大きなワニの放流池もあり迫力満点。また、珍しいニシレッサーパンダを展示しているのも日本ではここだけです。

☎0557-23-1105
住 加茂郡東伊豆町奈良本1253-10
交【鉄道】伊豆急行線「伊豆熱川駅」から徒歩すぐ【車】東名高速道路厚木ICから国道135号経由で約100km
料 入園料　1800円
時 9:00～17:00（最終入園は16:30）
休 無休
P 150台

公式サイトへ

この本に登場する生きもの

アマゾンマナティー ››› P099

●静岡県 下田市

下田海中水族館

しもだかいちゅうすいぞくかん

展示数
357種
10490点

上：自然の入り江をそのまま利用した水族館です
下：約3000点もの魚たちが泳ぐ大水槽では、ダイバーによる餌付けショーも実施されます

イルカにふれるプログラムが充実

ゲストの頭上を飛び越えるイルカのショーや、ユーモラスなアシカショーが人気。実際に海の中でイルカと遊べるプログラムも多数あります。珍しいアシカの水中ショーは1日3回、ペンギンについての解説も1日2回開催。

☎0558-22-3567
住 下田市3-22-31
交【鉄道】伊豆急行線「伊豆急下田駅」から南伊豆東海バス「海中水族館行き」で約7分、終点下車、徒歩すぐ【車】東名高速道路沼津ICから国道414号・135号経由で約76km
料 入館料　2100円
時 9:00～16:30（季節により変動あり）
休 12月に4日間の休館日あり（要問合せ）
P 200台

この本に登場する生きもの

ゴマフアザラシ ››› P015
コツメカワウソ ››› P043
バンドウイルカ ››› P058
ホシエイ ››› P070

公式サイトへ

●愛知県 名古屋市

名古屋港水族館

なごやこうすいぞくかん

展示数
約500種
50000点

上:「南館」「北館」と2館あります　下:オーストラリアのグレートバリアリーフをモチーフにした「サンゴ礁大水槽」。水中から解説を行う"ダイバーコミュニケーション"が人気

5つの海をめぐる構成に注目!

南館は南極への旅をテーマに、日本の海から南極の海まで5つの水域をめぐる構成。北館では、シャチやイルカ、ベルーガなどの海のほ乳類を飼育展示しています。

☎052-654-7080　㊟名古屋市港区港町1-3
㊫【鉄道】名古屋市営地下鉄「名古屋港駅」から徒歩約5分【車】伊勢湾岸自動車道名港中央ICから国道154号経由で約10km
㊕入館料　2030円
㊓9:30～17:30(GW・夏休み期間は9:00～20:00まで、12/1～3月中旬は17:00まで。最終入館は閉館1時間前)
㊡月曜(祝日の場合は翌日、GW、7～9月、春・冬休み期間は無休)、冬期メンテナンス休業あり
Ⓟ1200台(30分100円、1日上限1000円)

この本に登場する生きもの

公式サイトへ

エンペラーペンギン››› P020
ベルーガ››› P032
バンドウイルカ、カマイルカ››› P056
シノノメサカタザメ››› P073
マイワシ››› P083
シャチ››› P092

●愛知県 美浜町

南知多ビーチランド

みなみちたびーちらんど

展示数
約230種
20000点

上:ゴマフアザラシのナルとサン。アザラシプールのふれあいコーナーでさわることができます。　左:カルフォルニアアシカのハヤト。「イルカスタジアム」で開催されるショーでは愛嬌たっぷりのコミカルな演技を披露してくれます

ふれあいやイベントがいっぱい

「海洋館」には水量1000tの大水槽があり伊勢湾などで見られる魚たちが泳いでいます。イルカ、アシカ、アザラシと無料で毎日ふれあえる「ふれあいカーニバル」は大人気(季節ごとに動物は変わります)。

☎0569-87-2000　㊟知多郡美浜町奥田428-1
㊫【鉄道】名鉄知多新線「知多奥田駅」から徒歩約15分【車】南知多道路美浜ICから県道274号経由約6km
㊕入館料　1800円
㊓3～10月は9:30～17:00、11月は9:30～16:30、12～2月は10:00～16:00
㊡12～2月の水曜(冬休み・祝日は営業)、2/1～2/10(土・日曜は営業)
Ⓟ150台(1日800円)

公式サイトへ

この本に登場する生きもの

交雑種イルカ››› P061
スナメリ››› P105
セイウチ››› P122

●愛知県 蒲郡市

蒲郡市竹島水族館

展示数
約500種
4500点

がまごおりしたけしますいぞくかん

アットホームな水族館

館内はほのぼのとした雰囲気で、海水や淡水で暮らす生きものたちをゆっくり観察できるアットホームな水族館です。珍しい深海の生きものが数多く展示されているほか、愉快なアシカショーや、カピバラショーもあります。

上：外観はレトロなたたずまい　下：館内に展示されている解説プレートはほとんどが担当飼育員の手作り。おもしろくてためになるとSNSでも話題沸騰

☎0533-68-2059
住 蒲郡市竹島町 1-6
交【鉄道】JR 東海道本線「蒲郡駅」から徒歩約 15 分、または名古屋鉄道バス「丸山住宅」行きで約 5 分、「竹島遊園」下車、徒歩すぐ【車】東名高速道路音羽蒲郡 IC から県道 73 号経由で約 10km
料 入館料　500 円
時 9:00 ～ 17:00（最終入館は 16:30）
休 火曜（祝日の場合は開館、翌日休み）、年末年始
P 250 台

公式サイトへ

この本に登場する生きもの

オタリア ››› P067
タカアシガニ ››› P135

●三重県 伊勢市

伊勢シーパラダイス

展示数
259種
1529点

いせしーぱらだいす

生きものとのふれあいが魅力

セイウチと記念撮影ができたり、トドやゴマフアザラシなどの生きものたちとふれあえたり、貴重なツメナシカワウソやペンギンたちにも大接近できる水族館。パワースポットとして知られる、夫婦岩の近くにあります。

上：「海底ごろりんホール」ではゆったりソファーに座って回遊水槽やテーブル形水槽を観察できます　下：「夫婦岩水槽」では夫婦岩の周りを縁起の良い紅白の魚たちが泳ぎ回っています

☎0596-42-1760
住 伊勢市二見町江 580
交【鉄道】近鉄鳥羽線・志摩線「鳥羽駅」から三重交通バス「伊勢方面行き」で約 10 分、「夫婦岩東口」下車、徒歩すぐ【車】伊勢自動車道二見 JCT から伊勢二見鳥羽ライン経由で約 3km
料 入館料　1950 円
時 9:00 ～ 17:00（季節により変動あり）
休 12 月に休業日あり
P 150 台（有料）

公式サイトへ

この本に登場する生きもの

ゴマフアザラシ ››› P015
ツメナシカワウソ ››› P042
トド ››› P064
セイウチ ››› P118

●三重県 鳥羽市

鳥羽水族館

展示数
約1200種
30000点

とばすいぞくかん

右：通年で1日1回実施される「ペンギン散歩」

上：水量約800tの人工サンゴ礁水槽「コーラルリーフダイビング」。アクリルガラスで覆われた観覧ギャラリーが幻想的

生きものの飼育種類数日本一

館内は12のゾーンに分けられ、さまざまな環境下に生息している海や川の生きものが見られます。ジュゴンとアフリカマナティーの両種を飼育しているのは、世界でもここだけ。パフォーマンスも充実しており、アシカショーやラッコの食事タイムも人気です。

☎0599-25-2555
住 鳥羽市鳥羽3-3-6
交【鉄道】JR参宮線・近鉄鳥羽線「鳥羽駅」から徒歩約10分【車】伊勢二見鳥羽ライン鳥羽ICから国道42号線経由で約3km
料 入館料　2500円
時9:00～17:00（7/20～8/31は8:30～17:30。最終入館は閉館1時間前）
休 無休　P500台（1日800円）

この本に登場する生きもの

ラッコ ››› P048
ジュゴン ››› P097
アフリカマナティー ››› P098
スナメリ ››› P103
イヌガエル ››› P112
イロワケイルカ ››› P114
セイウチ ››› P122
アリゲーターガー ››› P150

公式サイトへ

●新潟県 上越市

上越市立水族博物館 うみがたり

展示数
約300種
45000点

じょうえつしりつすいぞくはくぶつかん うみがたり

〝海の物語〟を体感できる

日本海をまるごと切り取ったかのような展示水槽が人気の水族館です。イルカスタジアムでの「ドルフィンパフォーマンス」は1日数回開催。飼育数日本一を誇るマゼランペンギンは手がふれるほど近くで見ることができます。

360度アクリルガラスの海中トンネル「うみがたりチューブ」では、日本海に生息している魚たちを観察できます。自然光に照らされているので時間や季節によって見え方も変化します

☎025-543-2449
住 上越市五智2-15-15
交【鉄道】JR信越本線「直江津駅」から徒歩約15分【車】北陸自動車道上越ICから国道18号・8号経由で約6km
料 入館料　1800円
時9:00～17:00（季節により変動あり）
休 無休
P580台

公式サイトへ

この本に登場する生きもの

マゼランペンギン ››› P027

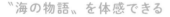

●石川県 七尾市

のとじま水族館

のとじますいぞくかん

展示数
約500種

上：「クラゲの光アート」はゆらゆら漂うクラゲたちを幻想的にライトアップ
左：ゴマフアザラシのトレーニング風景も見られるお食事タイムは1日2回実施

ジンベエザメがお出迎え

能登半島近海にすむ魚などがいる本館と、「ジンベエザメ館　碧の世界」、カワウソやアザラシなどがいる「海の自然生態館」といういうエリアで構成。長さ22mのトンネル水槽「イルカたちの楽園」では、ゆったりと泳ぐイルカたちを間近で見ることができます。

☎0767-84-1271
㊟ 七尾市能登島曲町 15-40
㊋【鉄道】JR 七尾線「和倉温泉駅」から能登島交通バス「のとじま臨海公園行き」で約 30 分、終点下車徒歩すぐ【車】能越自動車道和倉 IC から県道 47・257 号経由で約 16km
㊕ 入館料　1890 円
㊋9:00 ～ 17:00（12/1 ～ 3/19 は～ 16:30）
㊡ 無休 Ⓟ1100 台

公式サイトへ

この本に登場する生きもの

ジンベエザメ ››› P037
ユメカサゴ ››› P149
ケムシカジカ ››› P154

●福井県 坂井市

越前松島水族館

えちぜんまつしますいぞくかん

展示数
約350種
7000点

上：アオウミガメに野菜をあげる、「ウミガメの餌やり体験」。㊕1カップ100円　下:水槽を見下ろせるガラス張りの「シースルー珊瑚礁水槽」で、海面浮遊体験

体験・体感型の水族館

イワシの群泳や大型エイなどが見ものの「海洋大水槽」、レトロな雰囲気の「おさかな館」、“水中トンネル”から空を飛ぶように泳ぐペンギンを観察できる「ぺんぎん館」など。生きものとのふれあいや餌やり体験も開催。

☎0776-81-2700
㊟ 坂井市三国町崎 74-2-3
㊋【鉄道】JR 北陸線「芦原温泉駅」から京福バス「東尋坊行き」で約 30 分「越前松島水族館」下車、徒歩すぐ【車】北陸自動車道金津 IC から国道 305 号経由で約 17km
㊕ 入館料　2000 円
㊋9:00 ～ 17:30（GW・夏期の土・日曜、祝日、お盆期間は 9:00 ～ 21:00、冬期は 9:00 ～ 16:30）
㊡ 無休
Ⓟ450 台

公式サイトへ

この本に登場する生きもの

マンボウ ››› P129
コンペイトウ ››› P158

●大阪府 大阪市

海遊館

展示数
約620種
30000点

かいゆうかん

生きものが暮らす環境を再現

太平洋を模した「太平洋」水槽を中心に16ゾーンと新体感エリア3ゾーンを擁する西日本最大の水族館。世界各地の魚や生きものが暮らしている環境を再現しています。

☎06-6576-5501
㊟大阪市港区海岸通1
㊡【鉄道】大阪メトロ中央線「大阪港駅」から徒歩約5分【車】阪神高速湾岸線・大阪港線天保山出入口から国道172号経由で約2km
㊕入館料　2400円
㊡10:00～20:00（最終入館は19:00、季節によって変動あり）
㊡不定休（1月に計2日休館）
Ⓟ1000台　平日30分200円（最大1200円）土・日曜、祝日・特定日30分250円（最大2000円）

上：大阪ベイエリア内の天保山ハーバービレッジにある水族館
左：深さ9m、水量5400t、3階にもわたる大きな「太平洋」水槽にはジンベエザメをはじめ、大型のエイやサメ、ハタの仲間クエや回遊魚たちが悠然と泳いでいます

この本に登場する生きもの

ワモンアザラシ ››› P012
ジンベエザメ ››› P036
アカシュモクザメ ››› P077
オニイトマキエイ ››› P109
マンボウ ››› P127
ゾウギンザメ ››› P135

公式サイトへ

●大阪府 吹田市

ニフレル

展示数
約150種
2000点

にふれる

五感で楽しめる展示

「いろにふれる」「わざにふれる」「およぎにふれる」など8つのゾーンがあり、多様性をテーマに趣向を凝らした展示が魅力。生きものの解説板が五・七・五で書かれているのも楽しい。

☎0570-022060（ナビダイヤル）
㊟大阪府吹田市千里万博公園2-1 EXPOCITY内
㊡【鉄道】大阪モノレール「万博記念公園駅」から徒歩約2分、土・日曜、祝日限定で、阪急大阪梅田駅から直行バス運行【車】名神高速道路近畿自動車道吹田IC、中国自動車道の中国吹田ICから県道2・129号経由で約3km
㊕入場料　2000円
㊡平日10:00～18:00　土・日曜、祝日9:30～19:00（最終入館は閉館1時間前）
㊡年に1度設備点検のための臨時休館あり
Ⓟ4100台（EXPOCITY駐車場）

右：万博記念公園に隣接する「EXPOCITY」にあります　下：ウツボに擬態しているといわれるシモフリタナバタウオ。生きものたちの「技」が見られます

この本に登場する生きもの

ハリセンボン、ミナミハコフグ、マミズフグ ››› P140
イリエワニ ››› P148
カイカムリ ››› P148
フライシュマンアマガエルモドキ ››› P155
チンアナゴ、ニシキアナゴ ››› P162

公式サイトへ

●京都府 京都市

京都水族館

展示数
約130種
1430点

きょうとすいぞくかん

京都ならではの展示に注目

京都をテーマにしたエリアやプログラムが豊富で、コンセプトは「水と共につながる、いのち」。1Fと2Fに分かれた展示フロアには、「京の海」「京の里山」「山紫水明」など全部で12の展示エリアがあります。「京の川」は由良川にすむ生きものやオオサンショウウオが見られる展示エリアになっています。

上：入口の真上にはイルカパフォーマンスのプールが　下：約50種の生きものたちが暮らす「京の海」。水量約500tの大水槽には、高級食材として親しまれるアマダイも泳いでいます

☎075-354-3130　㊟京都市下京区観喜寺町35-1
㊜【鉄道】JR「京都駅」から徒歩約15分【車】名神高速道路京都南ICから国道1号、府道114号経由で約5km
㊕入館料　2050円
㊋10:00～18:00（季節により変動あり）
㊡無休（施設点検、気象状況などで臨時休業の場合あり）Ⓟなし

公式サイトへ

この本に登場する生きもの

ケープペンギン ››› P024
ミナミアメリカオットセイ ››› P065
オオサンショウウオ ››› P149

●兵庫県 豊岡市

城崎マリンワールド

展示数
約300種
7000点

きのさきまりんわーるど

見るだけでなく体感できる施設

まるで海の中へ潜っていくような感覚になる観覧アトラクション「フィッシュダンス」をはじめ、アジを釣ってその場で天ぷらにして食べられるフィッシング&アジバーなど体験型アトラクションが充実しているのも魅力です。

上；奇岩連なる海岸線が特徴の日和山海岸にあります
右：「シーズー」にある水槽は国内の水族館で最も深く、水深12m！

☎0796-28-2300
㊟豊岡市瀬戸1090
㊜【鉄道】JR山陰線「城崎温泉駅」から全但バス「豊岡」行きで約10分、「日和山」下車、徒歩すぐ【車】北近畿豊岡自動車道但馬空港ICから国道312号経由で約20km
㊕入館料　2600円
㊋9:30～16:30（季節により変動あり）
㊡不定休
Ⓟ1000台（1日800円）

公式サイトへ

この本に登場する生きもの

カリフォルニアアシカ ››› P065
トド ››› P065
セイウチ ››› P123

●広島県 廿日市市

宮島水族館 みやじマリン

みやじますいぞくかん みやじまりん

展示数
約400種
15000点

国立公園内にある水族館

世界遺産の島、宮島にあり、瀬戸内海の生きものを中心に飼育・展示しています。「いやし」と「ふれあい」がコンセプトで、アシカのライブは毎日開催中。ほかに、ペンギン、アザラシ、カワウソなども見られます。

上：外観は周辺の景観に配慮した和風建築　下：「海のめぐみ」水槽では広島名物のカキいかだを再現し展示しています。水槽の上部から箱めがねを使って水中をのぞくことができます

☎0829-44-2010
㊟ 廿日市市宮島町 10-3
㊇【鉄道】JR 山陽本線「宮島口駅」から徒歩 5 分の宮島港桟橋よりフェリーで約 10 分。下船後宮島桟橋から徒歩約 25 分【車】広島岩国道路廿日市 IC・大野 IC から国道 2 号経由で宮島口まで約 3km
㊕ 入館料　1420 円
㊋9:00 ～ 17:00 (最終入館は 16:00)
㊡ 施設点検のための臨時休館あり
Ⓟ なし

公式サイトへ

この本に登場する生きもの

スナメリ ››› P102

●島根県 浜田市

島根県立しまね海洋館 アクアス

しまねけんりつしまねかいようかん あくあす

展示数
約400種
10000点

海の仲間たちに癒される

総水量 4500 t、延べ床面積 1 万 6000㎡と中四国最大級。海底トンネル、タッチプール、アシカたちのパフォーマンスもあります。西日本で唯一シロイルカに会える水族館。

左：島根の神話に登場したサメやエイなどが泳ぐトンネル水槽
下：アシカ、アザラシによるパフォーマンスは 1 日 2 回開催。所要時間は約 15 分

☎0855-28-3900　㊟ 浜田市久代町 1117-2
㊇【鉄道】JR 山陰本線「波子駅」から徒歩約 11 分、または JR「浜田駅」から石見交通バス「江津行き」で約 15 分、「アクアス前」下車、徒歩すぐ　【車】山陰道浜田東 IC から国道 9 号経由で約 5km
㊕ 入館料　1550 円
㊋9:00～17:00(7/20 ～ 8/31 日は 9:00 ～ 18:00。最終入館は閉館の 1 時間前)
㊡ 火曜（祝日の場合は開館、翌日休み）GW・夏休み・冬休み・春休みは無休
Ⓟ2000 台

公式サイトへ

この本に登場する生きもの

シロイルカ ››› P033

●山口県 下関市

下関市立しものせき水族館「海響館」

しものせきしりつしものせきすいぞくかん「かいきょうかん」

展示数
約550種
35000点

フグの仲間の展示種類数世界一

関門海峡の潮流を再現した水槽や、フグの仲間を100種類以上飼育しているなど下関ならではの展示が見どころです。日本最大級のペンギン展示施設「ペンギン村」には5種類約140羽のペンギンが暮らしています。

上：関門海峡に面しており、関門橋や海を見渡す景観も魅力のひとつ　左：イルカとアシカが一緒にパフォーマンスを行う「アクアシアター」。1日4～7回開催。1回約20分

☎083-228-1100
住 下関市あるかぽーと6-1
交【鉄道】JR山陰本線・山陽本線「下関駅」からサンデン交通バス「唐戸」「長府」「山の田」方面行きなどで約5分「海響館前」下車、徒歩約3分【車】中国自動車道下関ICから県道57号経由で約4km
料 入館料　2090円
時 9:30～17:30（最終入館は17:00）
休 無休
P 隣接のみらいパーク駐車場利用（395台）

公式サイトへ

この本に登場する生きもの

スナメリ ››› P105
マンボウ ››› P129
ポーキュパインフィッシュ ››› P143

●香川県 高松市

新屋島水族館

しんやしますいぞくかん

展示数
約130種
1000点

山の上に建つ水族館

土・日曜・祝日に行われる劇仕立てのイルカライブやアシカライブ、季節ごとに演出が変わるアザラシライブが好評です。珍しいアメリカマナティーの給餌解説のほか、イルカトレーナー体験、ペンギン、カワウソ、アザラシ、ウミガメのエサやり体験も見逃せません。

右：イルカライブは通常1日3回。土・日曜・祝日は4回開催

左：館内のタッチプールではナマコ・ヒトデ・ウニなどにふれることができます

☎087-841-2678　住 高松市屋島東町1785-1
交【鉄道】JR高徳線「屋島駅」から屋島山上シャトルバスで約10分【車】高松中央自動車道高松中央ICから国道11号経由で約20km
料 入館料　1500円
時 9:00～17:00（最終入館は16:30）
休 無休
P 屋島山上駐車場あり

公式サイトへ

この本に登場する生きもの

ゼニガタアザラシ ››› P018
アメリカマナティー ››› P099

●香川県 宇多津町

四国水族館

しこくすいぞくかん

展示数
約400種
14000点

〝水と生命の物語〟を感じる

2020年4月に開館した四国の次世代型水族館。季節や時間帯で変化する空間演出により、四国ならではの豊かな水中世界を再現しています。「太平洋」「瀬戸内」「清流・湖畔」「海月」「深海」「水遊」と6つのゾーンがあり、幻想的な光の演出にもこだわっています。

☎0877-49-4590
住 綾歌郡宇多津町浜一番丁4（宇多津臨海公園内）
交【鉄道】JR予讃線「宇多津駅」から徒歩約12分【車】瀬戸中央自動車道坂出ICから県道186号経由で約5km
料 入館料　2200円
時 9:00～18:00（GW、夏休みは～21:00。最終入館は閉館30分前）
休 無休（冬期にメンテナンス休館あり）
P 223台（近隣に有料駐車場あり）

本州から四国への入り口・瀬戸大橋のたもとにあります

瀬戸の海をバックにイルカがダイナミックなジャンプをする「海豚プール」も必見です

公式サイトへ

この本に登場する生きもの

マダライルカ ››› P057

●高知県 高知市

桂浜水族館

かつらはますいぞくかん

展示数
約220種
4000点

名勝地桂浜の浜辺にある水族館

日本一の飼育数を誇る巨大魚アカメの群泳は必見。トドやアシカのショーも人気です。人と生きものとの距離が近く、エサやり体験が多数あるほか、スタッフ手作りの解説版などアットホームな雰囲気も特徴。公式Twitterのつぶやきも話題です。

☎088-841-2437
住 高知市浦戸778 桂浜公園内
交【鉄道】JR土讃線「高知駅」からとさでん交通バス「桂浜」行きで40分、「桂浜」下車、徒歩5分【車】高知自動車道高知ICから県道44・376・35号経由で約12.6km
料 入館料　1200円
時 9:00～17:00
休 無休 P なし（桂浜公園駐車場を利用）

右：キモかわいさが話題の公式マスコット「おとどちゃん」。オリジナルグッズも販売しています
下：ウミガメのエサやり体験など生きものとのふれあいが充実

この本に登場する生きもの

コツメカワウソ ››› P045
カリフォルニアアシカ ››› P067
ミナミアメリカオットセイ ››› P067
トド ››› P067

公式サイトへ

●福岡県 福岡市

マリンワールド海の中道

まりんわーるどうみのなかみち

展示数
約350種
30000点

テーマは〝九州の海〟

玄界灘水槽などがある「九州の近海」をはじめ、「九州の外洋」「九州の深海」「奄美のサンゴ礁」など九州の海をテーマにした水槽が揃っています。博多湾をバックにダイナミックなジャンプを見せるイルカショーも人気です。

☎092-603-0400
㊟ 福岡市東区大字西戸崎 18-28
㊋【鉄道】JR 香椎線「海ノ中道駅」から徒歩約 5 分【車】福岡都市高速道路アイランドシティ出口から海の中道大橋経由約 9km
㊕ 入館料 2350 円
㊛9:30 ～ 17:30（最終入館は 16:30、季節により変動あり）
㊡2 月の第 1 月曜と翌日は休館
Ⓟ400 台（1 日 530 円）

左：大水槽を泳ぐ魚たちに接近する「ダイバー魚ッチング」などのショーは 1 日 3 ～ 4 回開催します

右：アシカショーでは愛嬌たっぷりの演技が楽しめます

公式サイトへ

この本に登場する生きもの

ラッコ ››› P046
スナメリ ››› P104

●長崎県 長崎市

長崎ペンギン水族館

ながさきぺんぎんすいぞくかん

展示数
約188種
6600点

9 種類のペンギンが大集合

世界で生息する 18 種類のうち 9 種類のペンギンがいる水族館。ほかにも、ムツゴロウやカブトガニなど長崎の魚コーナーや、メコンオオナマズの展示、海の生物の観察や里山を再現した自然体験コーナーもあります。

☎095-838-3131 ㊟ 長崎市宿町 3-16
㊋【鉄道】JR 長崎線「長崎駅」から県営バス「網場・春日車庫前」行きで約 30 分「水族館前」下車、徒歩約 3 分【車】長崎自動車道長崎芒塚 IC から国道 34 号経由で約 4.6km
㊕ 入館料 520 円
㊛9:00 ～ 17:00
㊡ 無休
Ⓟ225 台（1 時間 200 円、以降 1 時間毎 100 円、上限一律 500 円 利用時間は 8:00 ～ 18:00）

上：水中での食事の様子を観察できる「水中飛行～お魚キャッチ～」 下：砂浜で休んだり、海で泳いだり自由に動き回るペンギンたちを間近で観察することができます

公式サイトへ

この本に登場する生きもの

フンボルトペンギン ››› P025

●大分県 大分市

大分マリーンパレス水族館「うみたまご」

展示数
約500種
15000点

おおいたまりーんぱれすすいぞくかん「うみたまご」

別府湾も一望できる水族館

高さ 8m の大回遊水槽や海の生きものに直接ふれられるタッチプールなどみどころ満載。プールを泳ぐイルカが間近に迫る「あそびーち」や、別府湾の絶景と水槽のコラボレーションが楽しめる「別府湾プール」もおすすめ。

上：イルカのパフォーマンスは 1 日 2 回開催（所要約 15 分）
左：マアジとボラが泳ぐ「別府湾プール」。大きなプールの先には海原が広がっています

☎097-534-1010
㊟大分市高崎山下海岸
㊜【鉄道】JR 日豊本線「別府駅」から大分交通バス「大分駅」行きで 15 分「高崎山自然動物園」下車、徒歩すぐ【車】東九州自動車道大分 IC から県道 21 号経由で約 9km
㊕入館料　2300 円
㊔9:00 ～ 17:00
㊡不定休（年に 3 日程メンテナンス休館あり）
Ⓟ800 台（市営駐車場利用）

この本に登場する生きもの

アゴヒゲアザラシ ››› P019
マゼランペンギン ››› P026
ミナミアメリカオットセイ ››› P062
トド ››› P064
ホシエイ ››› P070
セイウチ ››› P121
モモイロペリカン ››› P138

公式サイトへ

●鹿児島県 鹿児島市

いおワールド かごしま水族館

展示数
約500種
30000点

いおわーるど かごしますいぞくかん

桜島を望む九州最大級の水族館

鹿児島の生きものを中心に飼育展示。ジンベエザメやカツオ、マグロ、大型のエイが群泳する黒潮大水槽は圧巻です。イルカについて学ぶ「いるかの時間」、ゴマフアザラシの食事解説など実施イベントも充実。

上：水族館に隣接する錦江湾につながる水路があり、イルカたちの豪快なパフォーマンス「青空イルカウォッチング」が見られます

上：さまざまなクラゲを展示するクラゲ回廊は、海の中にいるような雰囲気。クラゲの生態などもタッチパネルで紹介しています

☎099-226-2233
㊟鹿児島市本港新町 3-1
㊜【鉄道】JR 鹿児島本線「鹿児島中央駅」から市電「鹿児島駅前」行きで約 15 分、「水族館口」下車、徒歩約 8 分【車】九州自動車道薩摩吉田 IC から国道 10 号経由で約 11km
㊕入館料　1500 円
㊔9:30 ～ 18:00（最終入館受付は 17:00）
㊡無休（12 月第 1 月曜から 4 日間の休館日あり）
Ⓟ500 台（1 時間無料、以降 1 時間 200 円）

公式サイトへ

この本に登場する生きもの

ジンベエザメ ››› P039
バンドウイルカ ››› P061
ヒラメ ››› P152

●沖縄県 豊見城市

DMM かりゆし水族館

でぃーえむえむ かりゆしすいぞくかん

展示数
約190種
5000点

2020 年開館の新世代水族館

バーチャルとリアルが融合した新しいコンセプトの水族館。珍しい生きものや刻々と変わる映像は必見です。沖縄の空と波打ち際の海岸を再現した「うみかじドーム」などが人気。

上：水中を自由に泳ぐ姿から岩場で休む様子まで、フンボルトペンギンたちの暮らしを間近で見ることができます　下：生きものの美しさと自然の魅力を独特の空間演出で表現しています

☎なし　㊟沖縄県豊見城市豊崎 3-35
㊛【バス】那覇空港国内線ターミナル 4 番乗り場から那覇バス空港あしびなー線で約 20 分、「イーアス沖縄豊崎」下車すぐ／那覇空港国内線ターミナル 1 番乗り場から東京バス TK02「ウミカジライナー」で約 35 分、「イーアス沖縄豊崎」下車すぐ【車】那覇空港自動車道豊見城・名嘉地 IC から豊見城道路経由で約 3km
㊕入館料　2400 円
㊡10:00 ～ 21:00（最終入館は 20:00）
㊡無休
Ⓟ3100 台（イーアス沖縄豊崎駐車場）

この本に登場する生きもの

コクテンフグ ››› P145
ミズレフグ ››› P145

公式サイトへ

●沖縄県 本部町

国営沖縄記念公園（海洋博公園）・沖縄美ら海水族館

こくえいおきなわきねんこうえん（かいようはくこうえん）・おきなわちゅらうみすいぞくかん

展示数
約720種
11000点

美しい沖縄の生きものに会える

海洋博公園内にあり「沖縄の海との出会い」をテーマとした世界最大級の水族館。色鮮やかな熱帯魚やサンゴの大規模飼育展示、マンタの複数飼育など、沖縄ならではの生きもの、展示が楽しめます。

沖縄美ら海水族館では、1995 年 3 月からジンベエザメを飼育。世界最長飼育記録を更新しています

☎0980-48-3748
㊟国頭郡本部町石川 424 海洋博公園内
㊛【バス】那覇空港から琉球バス「名護バスターミナル」行き高速バスで1時間30分「名護ターミナル」下車、65・66・70番の路線バスに乗り換え1時間「記念公園前」下車、徒歩約5分【車】沖縄自動車道許田 IC から国道58・449号、県道114号経由で約27km
㊕入館料　1880 円
㊡公式サイトを参照　㊡12 月の第 1 水曜とその翌日
Ⓟ1900 台（海洋博公園内の駐車場）

この本に登場する生きもの

ジンベエザメ ››› P038
ミナミバンドウイルカ ››› P060
ナンヨウマンタ、
オニイトマキエイ ››› P108
ワモンフグ ››› P143

公式サイトへ

Column 2

水槽の構造や飼育員の役目
水族館の裏側

のぞいてみたい水族館の裏側。
大きな水槽はどのように造られているの？
といった疑問や飼育員の役目など、
気になることを紹介します。

アクアワールド茨城県大洗水族館のマンボウ水槽。
飼育員さんがエサをあげています

現在の水槽のガラスはかなり頑丈です。かつて、水族館の水槽のガラスは強化ガラスというものが使われていました。しかし、水槽が大きくなればなるほど、水圧に耐えるため何枚も重ねたり、幅広の水槽の場合は金属製の柱でつないだり…。やがて限界がおとずれました。そこで登場したのがアクリルガラスです。強化ガラスよりも耐久性にすぐれ、透明度も高く、加工もしやすく、これ以上ないほど水族館の水槽にピッタリの素材でした。このアクリルガラスの登場により、例えば沖縄美ら海水族館の高さ8.2ｍ、幅22.5ｍ、厚さ60㎝もの巨大な水槽でも安心して観賞できるわけです。ちなみに、この大水槽のアクリルガラスの製作技術は「ものづくり日本大賞」で内閣総理大臣賞を受賞しています。

さて、次は飼育員の仕事について。最近は「水族館の裏側ツアー」などを実施している施設も多くなり、飼育員さんの働く姿も少しですが見ることができます。そんななか重要な仕事のひとつは、生きものの食事の準備と管理です。水槽にエサをまくスタイルもありますが、それでは個々の生きものがどのくらい食べたのかが把握できません。そのためマンボウなどは個体ごとに与える食事の量を決めて、写真上のような方法で、個別に食事を与えています。食事の管理は魚か海獣かで内容も変わりますし、トレーニングやお客様へのガイド解説、パフォーマンスの実施など、飼育員さんの１日は大忙しです。

また、近年は「ハズバンダリートレーニング」というものを取り入れている水族館・動物園が数多くあります。これまでは健康チェック、つまり採血や体温測定のために多くの施設で麻酔を使っていました。「ハズバンダリートレーニング」はこの麻酔をやめ、トレーニングによって安全に実施しようというものです。具体的にいうと、エサを与えることなどで採血のために寝転がったり、口を開けたりという、してほしい行動を自主的にするよう生きものを訓練するということ。これも飼育員さんの大事な仕事のひとつとなっています。

ジャンル	動物名	掲載ページ	見学できる主な施設
ヒラメ科 ヒラメ属	**ヒラメ**	**152**	17, 48
ダンゴウオ科 イボダンゴ属	**フウセンウオ**	**156**	1, 20
タウエガジ科 フサギンポ属	**フサギンポ**	**146**	1
カラシン科 セラサルムス属	**ブラックピラニア**	**150**	19
ニシン科 マイワシ属	**マイワシ**	**082**	3, 7, 9, 18, 20, 27, 34
キンチャクダイ科 アブラヤッコ属	**レンテンヤッコ**	**113**	12
メバル科ユメカサゴ属	**ユメカサゴ**	**149**	33
【サメ類】			
シュモクザメ科 モンツキテンジクザメ属	**アカシュモクザメ**	**077**	35
テンジクザメ科 モンツキテンジクザメ属	**エパレットシャーク**	**076**	15
オオワニザメ科 シロワニ属	**シロワニ**	**075**	10, 16
ジンベエザメ科 ジンベエザメ属	**ジンベエザメ**	**034**	33, 35, 48, 50
トラフザメ科 トラフザメ属	**トラフザメ**	**075**	10, 15
【深海の生きもの類】			
キンチャクダイ科 アブラヤッコ属	**レンテンヤッコ**	**113**	12
アカグツ科 アカグツ属	**アカグツ**	**133**	24
オオグチボヤ科 オオグチボヤ属	**オオグチボヤ**	**134**	9
ゾウキンザメ科 ゾウキンザメ属	**ゾウギンザメ**	**135**	35
ウオノエ亜科 スナホリムシ科 オオグソクムシ属	**ダイオウグソクムシ**	**131**	24
クモガニ科 タカアシガニ属	**タカアシガニ**	**135**	29
ウラナイカジカ科 ウラナイカジカ属	**ニュウドウカジカ**	**134**	9
ウラナイカジカ科 アカドンコ属	**ボウズカジカ**	**133**	24
フサアンコウ科 フサアンコウ属	**ミドリフサアンコウ**	**132**	24
ヒゲダコ亜科 メンダコ科 メンダコ属	**メンダコ**	**131**	24
【ジュゴン / マナティー類】			
マナティー科マナティー属	**アフリカマナティー**	**094**	31
マナティー科マナティー属	**アマゾンマナティー**	**094**	25
マナティー科マナティー属	**アメリカマナティー**	**094**	42
ジュゴン科ジュゴン属	**ジュゴン**	**095**	31
【フグ / マンボウ類】			
フグ科 モヨウフグ属	**コクテンフグ**	**142**	17
ハコフグ科 コンゴウフグ属	**コンゴウフグ**	**142**	17
フグ科 モヨウフグ属	**サザナミフグ**	**145**	16
フグ科 テトラオドン属	**テトラオドン・ファハカ**	**144**	19
フグ科 フグ属	**南米淡水フグ**	**144**	19
ハリセンボン科 ハリセンボン属	**ハリセンボン**	**140**	36
ハリセンボン科 ハリセンボン属	**ヒトヅラハリセンボン**	**145**	49
ハリセンボン科 ディコティリクティス属	**ポーキュパインフィッシュ**	**143**	41
フグ科 フグ属	**マミズフグ**	**140**	36
マンボウ科 マンボウ属	**マンボウ**	**124**	7, 10, 14, 18, 34, 35, 41
ハコフグ科ハコフグ属	**ミナミハコフグ**	**140**	17, 36
フグ科 モヨウフグ属	**ワモンフグ**	**143**	50
【ペリカン / ペンギン類】			
ペンギン科 ペンギン目 オウサマペンギン属	**エンペラーペンギン（コウテイペンギン）**	**020**	27
ペンギン科 ペンギン目 オウサマペンギン属	**オウサマペンギン（キングペンギン）**	**025**	4, 7
ペンギン科 ペンギン目 ケープペンギン属	**ケープペンギン**	**024**	14, 37
ペンギン科 ペンギン目 アデリーペンギン属	**ジェンツーペンギン**	**027**	3
ペンギン科 ペンギン目 ケープペンギン属	**フンボルトペンギン**	**025**	46, 49
ペンギン科 ペンギン目 ケープペンギン属	**マゼランペンギン**	**020**	13, 16, 32, 47
ペリカン科 ペリカン属	**モモイロペリカン**	**136**	14, 18, 47

［見学できる施設リスト］

1 おたる水族館 P164
2 サケのふるさと 千歳水族館 P164
3 登別マリンパーク ニクス P165
4 旭川市旭山動物園 P165
5 青森県営浅虫水族館 P166
6 男鹿水族館 GAO P166
7 仙台うみの杜水族館 P167
8 鶴岡市立加茂水族館 P167
9 アクアマリンふくしま P168
10 アクアワールド 茨城県大洗水族館 P168
11 鴨川シーワールド P169
12 東京都葛西臨海水族園 P169
13 すみだ水族館 P170
14 サンシャイン水族館 P170
15 マクセル アクアパーク品川 P171
16 しながわ水族館 P171
17 ヨコハマおもしろ水族館・赤ちゃん水族館 P172
18 横浜・八景島シーパラダイス P172
19 カワスイ 川崎水族館 P173
20 新江ノ島水族館 P173
21 箱根園水族館 P174
22 あわしまマリンパーク P174
23 伊豆・三津シーパラダイス P175
24 沼津港深海水族館 シーラカンス・ミュージアム P175
25 熱川バナナワニ園 P176
26 下田海中水族館 P176
27 名古屋港水族館 P177
28 南知多ビーチランド P177
29 蒲郡市竹島水族館 P178
30 伊勢シーパラダイス P178
31 鳥羽水族館 P179
32 上越市立水族博物館 うみがたり P179
33 のとじま水族館 P180
34 越前松島水族館 P180
35 海遊館 P181
36 ニフレル P181
37 京都水族館 P182
38 城崎マリンワールド P182
39 宮島水族館 みやじマリン P183
40 島根県立しまね海洋館 アクアス P183
41 下関市立しものせき水族館「海響館」 P184
42 新屋島水族館 P184
43 四国水族館 P185
44 桂浜水族館 P185
45 マリンワールド海の中道 P186
46 長崎ペンギン水族館 P186
47 大分マリーンパレス水族館「うみたまご」 P187
48 いおワールド かごしま水族館 P187
49 DMM かりゆし水族館 P188
50 国営沖縄記念公園（海洋博公園）・沖縄美ら海水族館 P188

生きものINDEX

※本書で紹介した生きものが見学できる施設を一部抜粋して紹介しています。記載のない施設でも見学できる場合がありますので、詳細は、各施設の公式サイトをご確認ください。見学できる主な施設の番号はP4-5の地図とも対応しています

ジャンル	動物名	掲載ページ	見学できる主な施設
【アザラシ類】			
アザラシ科 アゴヒゲアザラシ属	アゴヒゲアザラシ	019	47
アザラシ科 ゴマフアザラシ属	クラカケアザラシ	112	9
アザラシ科 ゴマフアザラシ属	ゴマフアザラシ	014	1, 4, 6, 16, 26, 28, 30, 33, 48
アザラシ科 ゴマフアザラシ属	ゼニガタアザラシ	018	18, 42
アザラシ科 ゴマフアザラシ属	バイカルアザラシ	012	21
アザラシ科 ゴマフアザラシ属	ワモンアザラシ	012	35
【アシカ / オットセイ / トド / セイウチ類】			
アシカ科 オタリア属	オタリア	063	29
アシカ科 アシカ属	カリフォルニアアシカ	063	11, 14, 16, 28, 38, 44
セイウチ科 セイウチ属	セイウチ	118	1, 18, 23, 28, 30, 31, 38, 47
アシカ科 トド属	トド	062	23, 30, 38, 44, 47
アシカ科 オットセイ亜科	ミナミアメリカオットセイ	063	13, 37, 44, 47
【イルカ / スナメリ / シャチ類】			
マイルカ科 イロワケイルカ属	イロワケイルカ	114	7, 31
クジラ目 ハクジラ亜目 マイルカ科 カマイルカ属	カマイルカ	054	11, 18
ー	交雑種イルカ	054	28
イッカク科 シロイルカ属	シロイルカ（ベルーガ）	028	11, 18, 27, 40
マイルカ科 シャチ属	シャチ	088	11, 27
ネズミイルカ目 スナメリ属	スナメリ	100	7, 28, 31, 39, 41, 45
マイルカ科 バンドウイルカ属	バンドウイルカ	054	1, 11, 15, 16, 18, 20, 23, 26, 27, 48
マイルカ科 スジイルカ属	マダライルカ	054	43
マイルカ科 バンドウイルカ属	ミナミバンドウイルカ	054	50
【エイ / マンタ / イトマキエイ類類】			
イトマキエイ科 イトマキエイ属	イトマキエイ	107	35
イトマキエイ科 イトマキエイ属	オニイトマキエイ	107	50
ノコギリエイ科	グリーンソーフィッシュ	111	15
シノノメサカタザメ科 シノノメサカタザメ属	シノノメサカタザメ	072	15, 27
ノコギリエイ科	ドワーフソーフィッシュ	111	15
シノノメサカタザメ科 トンガリサカタザメ属	トンガリサカタザメ	073	15
イトマキエイ科 イトマキエイ属	ナンヨウマンタ	106	15, 50
アカエイ科 オトメエイ属	ヒョウモンオトメエイ	071	11
アカエイ科 アカエイ属	ホシエイ	069	18, 26, 47
マダラトビエイ科 マダラトビエイ属	マダラトビエイ	068	18
【カイカムリ / カエル / カメ / ダンゴウオ / チンアナゴ / ワニ】			
アフリカウシガエル科 アフリカウシガエル属	アフリカウシガエル	146	22
フクラガエル科 フクラガエル属	アメフクラガエル	147	22
ガー科 アトラクトステウス属	アリゲーターガー	150	31
アカガエル科 ハイラナ属	イヌガエル	112	31
クロコダイル科 クロコダイル属	イリエワニ	148	36
カエルアンコウ科 カエルアンコウ属	イロカエルアンコウ	155	24
カイカムリ科 カイカムリ属	カイカムリ	148	36
アナゴ科 チンアナゴ亜科 チンアナゴ属	チンアナゴ	160	10, 13, 36
アナゴ科 チンアナゴ亜科 シンジュアナゴ属	ニシキアナゴ	160	10, 13, 36
アマガエルモドキ科 アマガエルモドキ属	フライシュマンアマガエルモドキ	155	36
アナゴ科 チンアナゴ亜科 シンジュアナゴ属	ホワイトスポッテッドガーデンイール	160	13
【カワウソ / クマ / ラッコ類】			
イタチ科 イタチ亜目	コツメカワウソ	040	14, 26, 16, 18, 21, 44
イタチ科 イタチ亜目	ツメナシカワウソ	040	7, 30
イタチ科 イタチ亜目 ラッコ属	ラッコ	046	31, 45
クマ科 クマ属	ホッキョクグマ	050	4, 6, 18
【クラゲ類】			
オキクラゲ科 ヤナギクラゲ属	アカクラゲ	080	14
根口クラゲ属 ビゼンクラゲ科 カトスティラス属	カラージェリーフィッシュ	079	8
ベニクラゲモドキ科 ベニクラゲ属	ベニクラゲ	079	8
ミズクラゲ科 ミズクラゲ属	ミズクラゲ	079	8, 13
リクノリーザ科 リクノリーザ属	リクノリーザ・ルサーナ	081	20
【魚類】			
オオカミウオ科 オオカミウオ属	オオカミウオ	151	5
オオサンショウウオ科 オオサンショウウオ属	オオサンショウウオ	149	37
オニオコゼ科 オニダルマオコゼ属	オニダルマオコゼ	154	12
スズメダイ科 クマノミ属	カクレクマノミ	085	11
サバ科 マグロ属	クロマグロ	084	12
ケムカジカ科 ケムカジカ属	ケムシカジカ	154	33
ダンゴウオ科 イボダンゴ属	コンペイトウ	158	34
サケ科 サケ属	サケ	085	2
カタクチイワシ科 カタクチイワシ属	シラス	084	20
ダンゴウオ科 ダンゴウオ属	ダンゴウオ	159	10, 17
タイワンドジョウ科	チャンナ・バルカ	113	19
コウモリウオ科 コウモリウオ属	ナーサリーフィッシュ	113	12
ダンゴウオ科 イボダンゴ属	ナメダンゴ	158	9
ウツボ亜科 ウツボ属	ハナビラウツボ	151	17

#かわいい#楽しい#癒し

#水族館に行こう

2021年11月1日　初版発行
2022年4月1日　二刷発行

編集人　長澤香理
発行人　今井敏行
発行所　JTBパブリッシング
〒162-8446
東京都新宿区払方町25-5
https://jtbpublishing.co.jp/
編　集　Tel 03-6888-7860
販　売　Tel 03-6888-7893

編集・制作　情報メディア編集部
本間かおり
組版・印刷　佐川印刷

取材・編集　スリーコード（佐々木隆／ささきなおこ）
撮影・写真　末松正義／山田真哉／スリーコード／
各水族館・動物園の飼育スタッフの皆様
動画制作　soeasy
デザイン　ME&MIRACO（石田百合絵／塚田佳奈）
イラスト　佐藤香苗

214575　808050
ISBN978-4-533-14723-4 C2026
落丁・乱丁はお取り替えいたします。